Rueff

Elektrizitätslehre

Skript zur Unterrichtseinheit
(Physik, 2. Auflage)

FSC
www.fsc.org
MIX
Papier aus ver-
antwortungsvollen
Quellen
Paper from
responsible sources
FSC® C105338

Elektrizitätslehre

Skript zur Unterrichtseinheit
(Physik)

von Dr. Andreas Rueff

2. Auflage

 Books on Demand

Dr.-Ing. Dipl.-Phys. Andreas K. E. Rueff

Physik-Studium in Kaiserslautern, anschließend
wissenschaftlicher Mitarbeiter am Leibniz-
Institut für neue Materialien in Saarbrücken,
Promotion in Saarbrücken, anschließend Zusatz-
qualifikation zum Lehramt für Mathematik und Physik.

Bibliographische Information der Deutschen Nationalbibliothek

Die Deutsche Nationalbibliothek verzeichnet diese Publikation in der Deutschen
Nationalbibliographie; detaillierte bibliographische Daten sind im Internet
über http://dnb.d-nb.de abrufbar.

Herstellung und Verlag: Books on Demand GmbH, Norderstedt
ISBN 978-375-264-4463 (19,99€)

2. Auflage, 2020
Internetseite zum Heft: www.mathe-physik-technik.de

Bildquellen: WIKIMEDIA COMMONS und PIXABAY Ⓩ und eigene Werke

Vorwort

Die Ausbildung zu fördern und die erworbenen Kenntnisse für den Gebrauch in der Schule und im Alltag griffbereit zu erhalten ist das Ziel dieses Skripts. Die Zusammenstellung orientiert sich an den Inhalten der Unterrichtseinheit **Elektrizitätslehre** im Rahmen des Unterrichtsfaches Physik (Sek 1). Es ist aus zahlreichen Unterrichtsvorbereitungen der vergangenen Jahre hervorgegangen und soll die wichtigsten Inhalte zusammenfassen.

Die vorliegende Zusammenstellung soll nur den notwendigsten Stoff in einer strukturierten Form erfassen und dadurch das Arbeiten erleichtern. Den Gesamtzusammenhang nicht aus den Augen zu verlieren ist die Absicht.

Alle Inhalte werden mit Zusatzmaterialien und Aufgaben auf der Themenseite Elektrizität (Lernplattform *www.mathe-physik-technik.de*) im Internet ergänzt. Die dadurch entstehende Lerneinheit wird so abgerundet und stellt insgesamt einen pädagogisch-didaktischen Ansatz für digitales und selbstständiges Lernen dar.

Jedes Lehrbuch lebt von der kritischen Mitarbeit der Leser. Insbesondere in der naturwissenschaftlichen Literatur lässt es sich auch bei sorgfältigster Bearbeitung kaum vermeiden, dass sich Druckfehler einschleichen. Der Verfasser freut sich deshalb über Verbesserungsvorschläge oder Hinweise auf mögliche Druckfehler.

Als nützliche Gedächtnisstütze zur Unterrichtseinheit zu dienen ist das Ziel.

Kaiserslautern, im Herbst 2020 A. Rueff

Inhalt - Elektrizitätslehre

Elektrische Erscheinungen

❶ Elektrizität im Alltag:

- Gewitter (!)
- Batterie
- Steckdose
- elektr. Geräte, usw.

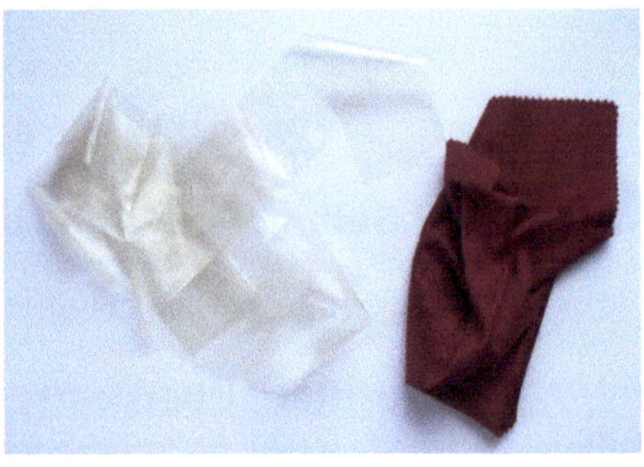

❷ LADEN und ENTLADEN:

Bringt man zwei Körper in enge Berührung,

können sich beide Körper aufladen.

Wir können dabei Abstoßung oder Anziehung

beobachten. Diese Beobachtung erklären wir

dadurch, dass es zwei Ladungsarten geben

muss: positive und negative 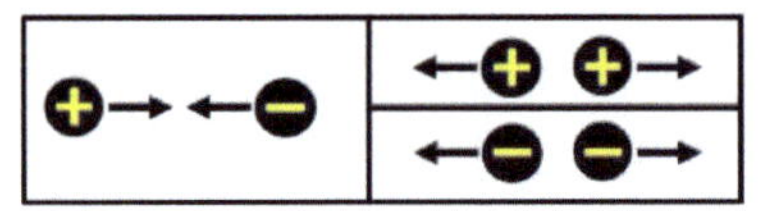

elektrische Ladungen.

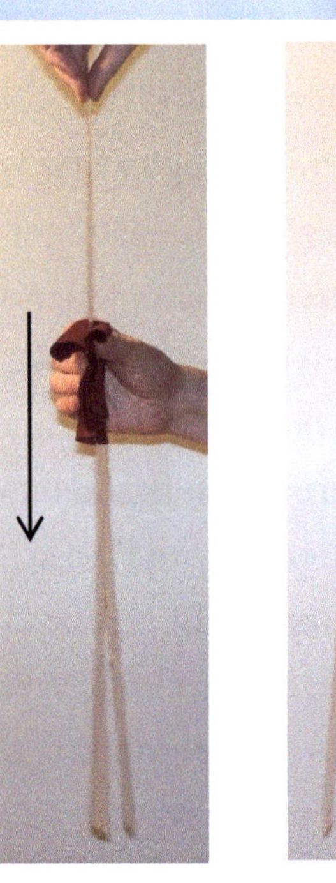
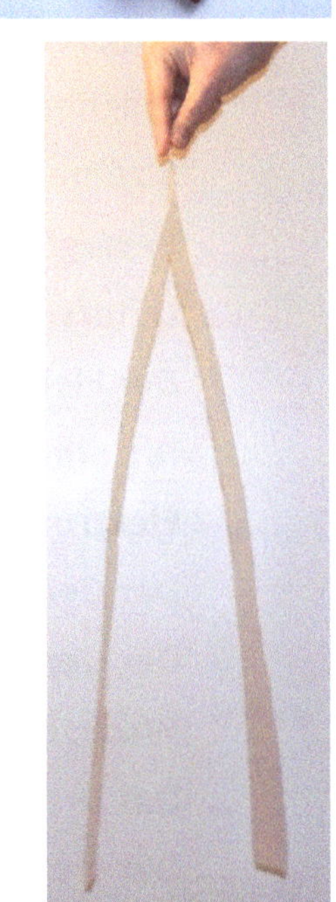

Elektrizität behandelt die Gesamtheit der Erscheinungen im
Zusammenhang mit ruhenden oder bewegten elektrischen Ladungen.

---

❸ Nachweis elektrischer Ladungen:

Das Elektroskop

Weil sich gleichartige Ladungen abstoßen und

im geladenen Zustand Stange und Zeiger

gleiche Ladungen „tragen", wirkt eine

abstoßende Kraft. Der Zeiger schlägt aus!

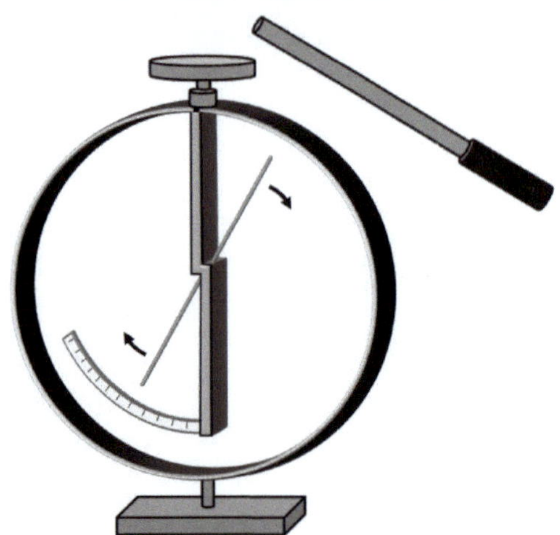

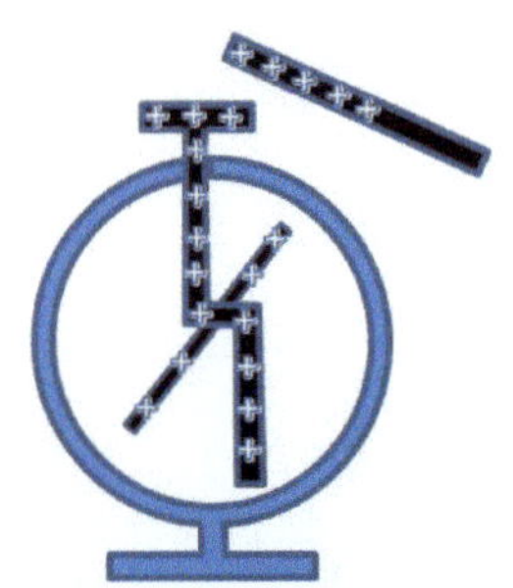

Wie können sich Körper elektrisch aufladen?
Teilchenmodell (Kugelmodell)

Körper bestehen in dieser Modellvorstellung aus kugelförmigen Teilchen. Damit lassen sich viele Eigenschaften von Körpern erklären:

→ *Aggregatzustände*

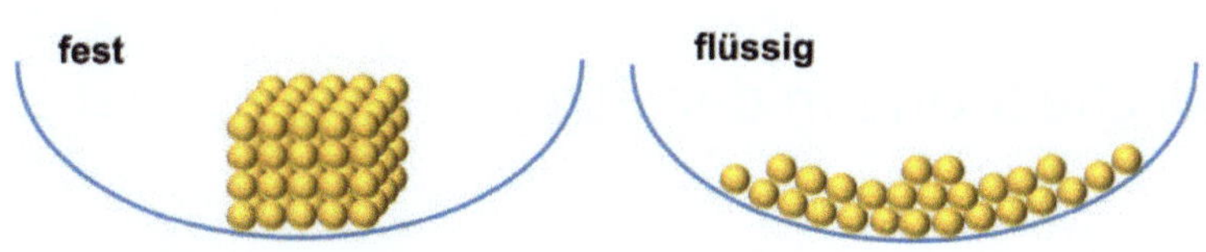

→ *Wärmeausdehnung*
→ *Temperatur und brownsche Bewegung*

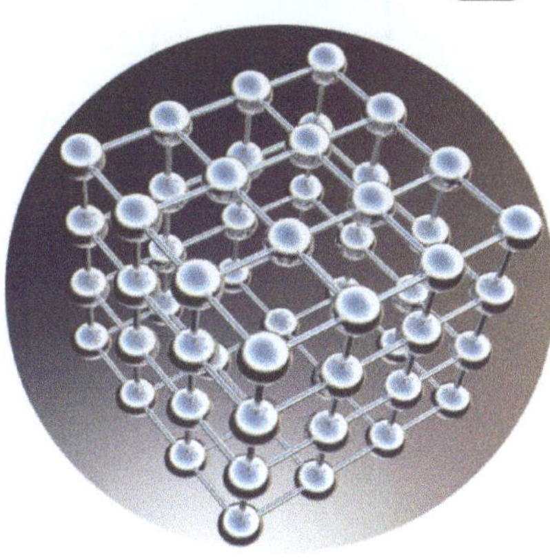

Atommodell nach Bohr

a. Negativ geladene Elektronen bewegen sich auf festen Kreisbahnen um den (sehr kleinen!) positiv geladenen Atomkern.
b. Die Anzahl der negativen Ladungen (Elektronen) ist gleich der positiven Ladungen im Kern.

Körper bestehen aus sehr vielen Atomen die sich im festen Zustand in einem Gitter anordnen.

Bei enger Berührung von zwei Körpern können Elektronen von einem Körper auf den anderen übergehen.

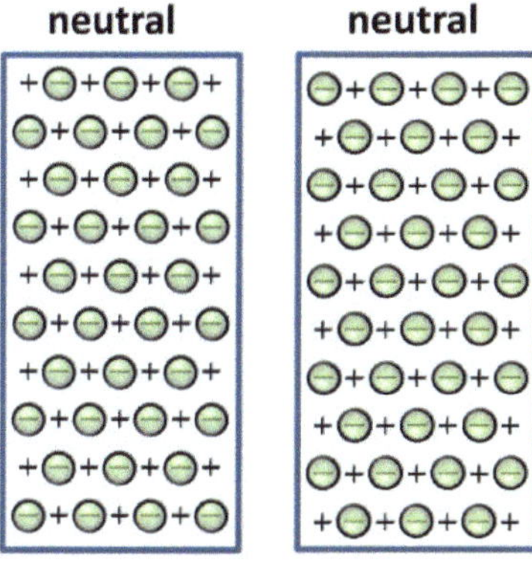

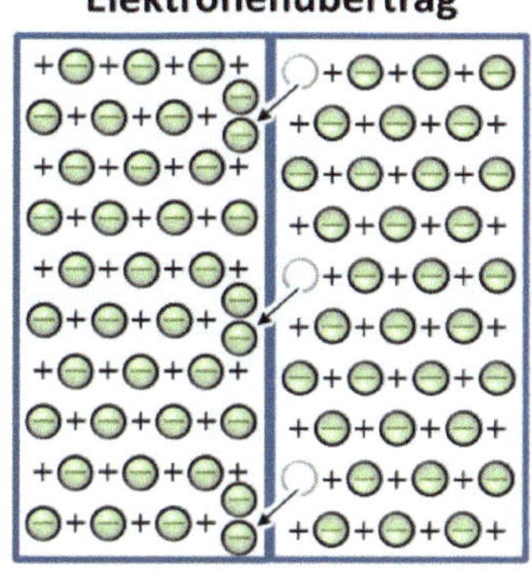

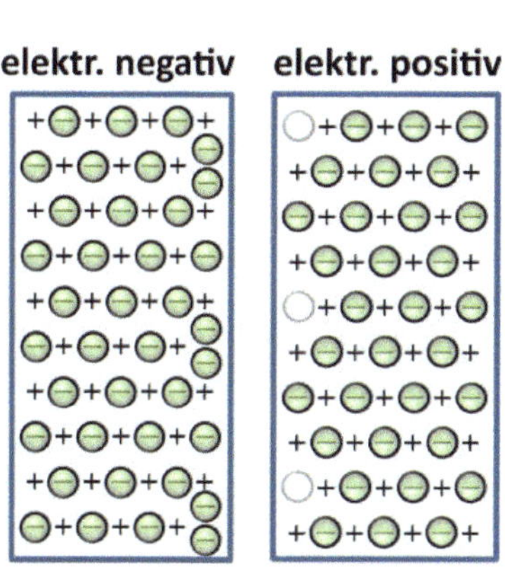

Leiter und Nichtleiter

Versuch:

Es werden unterschiedliche Stoffe in den Stromkreis eingebaut.

Ergebnis: Die Glühlampe brennt nicht immer!

Voraussetzung dafür, dass die Lampe brennt:
Der verwendete Stoff, der in den Stromkreis eingebaut wird,
muss den elektrischen Strom leiten können!

→ Einteilung der Stoffe in **<u>elektrische Leiter</u>** und **<u>Nichtleiter</u>**

Leiter		Nichtleiter (Isolatoren)
1. Art	2. Art	
Metalle Kohlenstoff	Salzlösungen Laugen Säuren	Nichtmetalle, Öl, Luft, Kunststoffe, Keramik, Papier

→ Auch Isolatoren sind wichtig!
z.B.: Kunststoffe als Isolatoren von elektrischen Leitungen

Der elektrische Stromkreis

Zur Untersuchung der elektrischen Eigenschaften verschiedener Materialien wurden die elektrischen Ladungen auf vorgegebenen „Wegen" geleitet. Diese „Wege" werden durch <u>elektrische Leiter</u> gebildet (Metalle - aufgrund der guten elektrischen Leitfähigkeit).

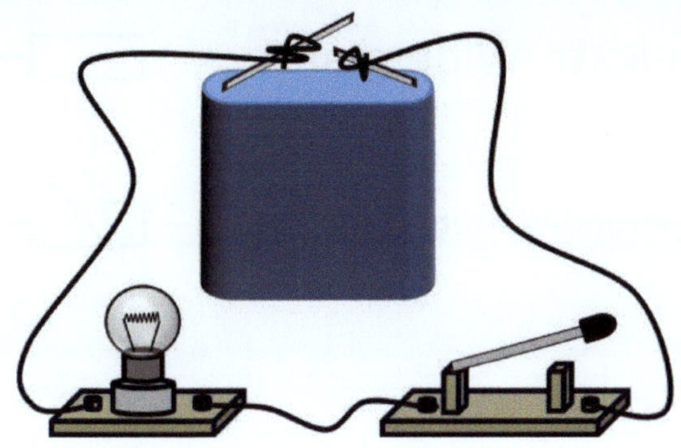

Vereinfachte Darstellung durch Schaltsymbole:

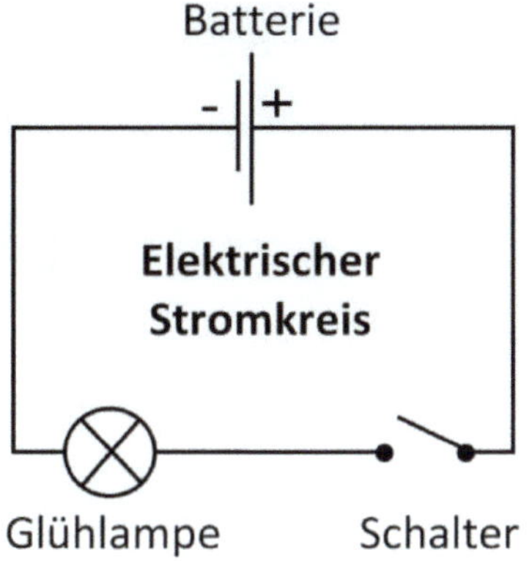

Elektronen werden durch die Energiequelle (Batterie) angetrieben und bewegen sich entlang der Leiterbahnen.

→ Vergleich mit einem Wasserstromkreis (Hydraulisches Analogon):

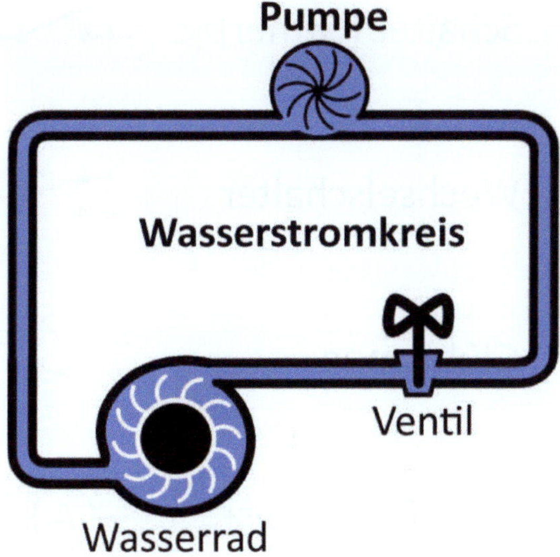

Wasserteilchen werden durch die Energiequelle (Pumpe) angetrieben und bewegen sich durch den Schlauch.

Energie wird von der Energiequelle zum „Verbraucher" (Glühlampe, Wasserrad) geleitet. Dort kann die Energie dann in andere Energieformen umgewandelt werden.

Schaltsymbole

Elektrische Schaltsymbole (Auswahl)

Batterie		Relais
elektrische Energiequelle		elektr. Widerstand
Schalter (Schließer)		veränderbarer Widerstand
Schalter (Öffner)		Spule
Wechselschalter		
Glühlampe		Kondensator
Strommessgerät		Diode
Spannungsmessgerät		Transistor (npn)
Motor		Transformator
Solarzelle		

Energie

Was ist Energie?

Energie beschreibt die Fähigkeit eines Systems, Arbeit zu verrichten.

Man kann Energie weder erzeugen noch vernichten, sondern nur in den verschiedenen Energieformen umwandeln (Energieerhaltung).

Wichtige Energieformen:

Mechanische Energie

Wärmeenergie

Elektrische Energie

Strahlungsenergie

Chemische Energie

Kernenergie

Bildquellen: Pixabay

Die Einheit der Energie: J (Joule) ($\rightarrow$ sehr kleine Energiemenge!)

(Vergleich zur Mechanik: 1 J = 1 Nm $\rightarrow$ Newtonmeter)

Bei technischen Prozessen finden viele **Energieumwandlungen** statt.

Primärenergie		**Energiewandler**		**Nutzenergie**
(Kohle, Öl, Sonne, Wind, usw.)	$\Rightarrow$	(Brenner, Turbine, Generator, Heizung, usw.) $\rightarrow$ mechanische Energie $\rightarrow$ elektrische Energie	$\Rightarrow$	$\rightarrow$ Wärme (Haus) $\rightarrow$ Schall (Radio, TV) $\rightarrow$ Licht $\rightarrow$ Bewegung (Aufzug, Bohrer) usw.

Bei Energieumwandlungen wird immer ein Teil in Wärme umgewandelt.

Diese Energie geht für die Anwendung „verloren".

Der elektrische Strom

Unter einem **„Strom"** versteht man, dass sich eine **„Menge"** in eine bestimmte **Richtung** bewegt.

Beispiele:

$$\text{Teilchenstrom} = \frac{\text{Menge an Sandkörnern}}{\text{Zeiteinheit}}$$

$$\text{Menschenstrom} = \frac{\text{Anzahl der Menschen}}{\text{Zeiteinheit}}$$

Elektrizität:

$$\text{Elektronenstrom} = \frac{\text{Anzahl der Elektronen}}{\text{Zeiteinheit}}$$

Elektronenstrom im elektrischen Leiter

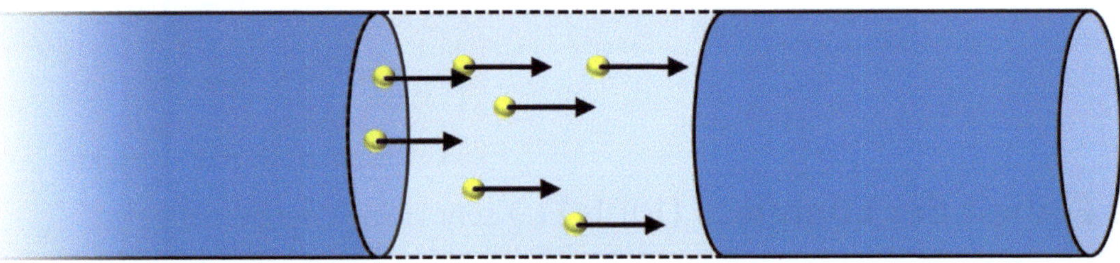

Elektrischer Strom wird gemessen:

① Elektronen Zählen
→ nicht praktikabel!!

② Messung durch Beobachtung
der **Wirkung** des elektrischen Stromes!
→ Ørsted-Versuch:

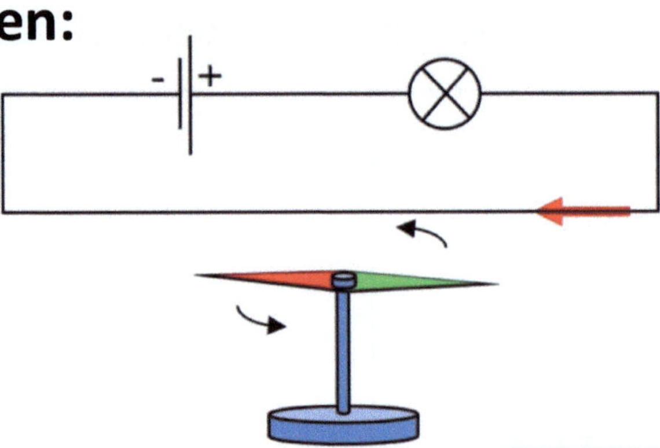

Beim Einschalten des Stroms wird die
Kompassnadel abgelenkt. (**Magnetische Wirkung**)

Das Amperemeter

Die **magnetische Wirkung** des elektrischen Stromes wird genutzt um den Zeiger eines Messgerätes zu bewegen.
Diese magnetische Wirkung wird dadurch **verstärkt**, dass der elektrische Leiter auf einem Weicheisenkern aufgewickelt wird.
(Der Zeiger wird durch Metallfedern in seiner Ruheposition gehalten.)

Je mehr Strom…
→ desto **mehr Kraft** wirkt im äußeren Magnetfeld auf den stromdurchflossenen Draht.
→ desto **mehr bewegt sich der Zeiger**.

Dadurch kann man auf die **Stromstärke** zurück schließen.
(Ablesen an einer Skala)

Schaltzeichen für das Amperemeter:

Physikalische Größe:	Elektrischer Strom
Bezeichnung:	I
Einheit:	A (Ampere)

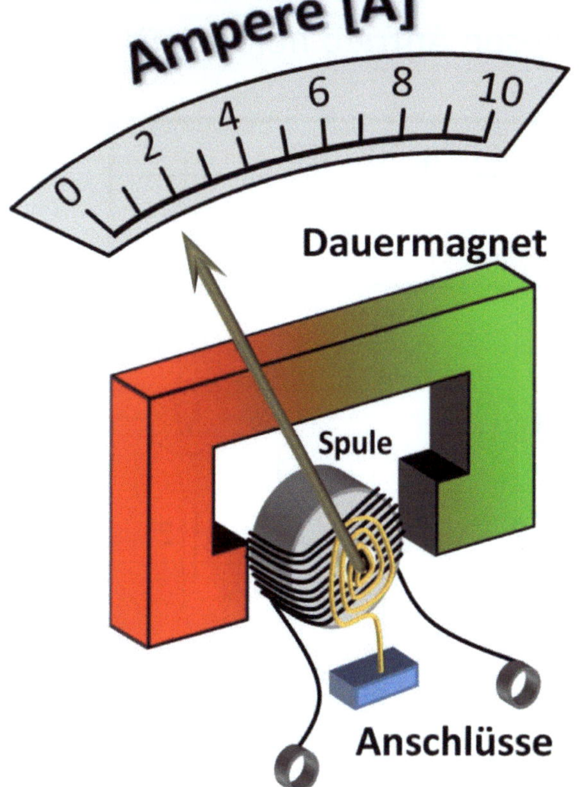

Einbau in den Stromkreis:

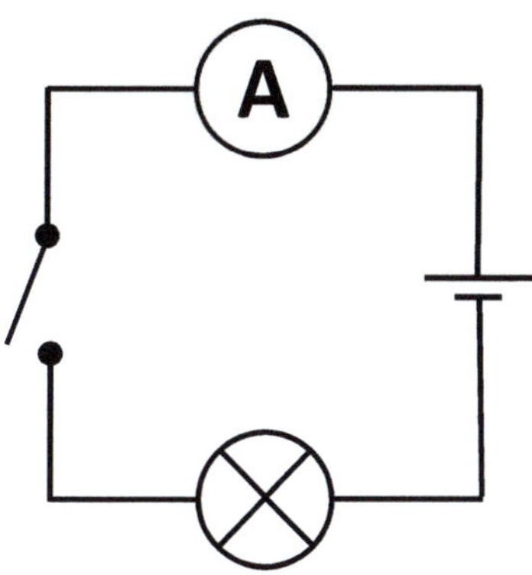

Das Amperemeter wird „in Reihe" eingebaut.

Die elektrische Spannung

Frage:

Warum bewegen sich die Elektronen in den elektrischen Leitungen?

→ **Elektronen müssen angetrieben werden!!!**

Vergleiche wieder mit einem Wasserstromkreis:

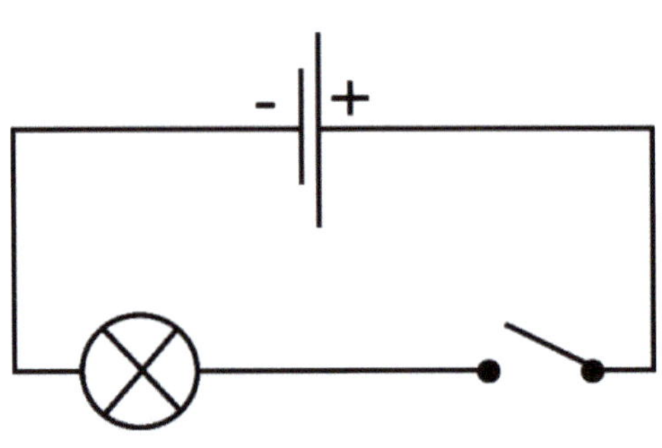

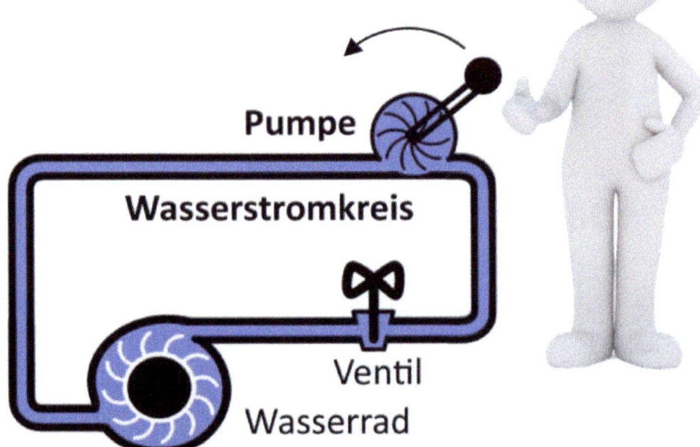

Der **Antrieb der Elektronen** entspricht dem Handbetrieb der Wasserpumpe im Wasserstromkreislauf.

Eine höhere Drehzahl der Wasserpumpe entspricht einem höheren Antrieb der Elektronen. Die Einheit für diesen Antrieb heißt *Volt*!

Physikalische Größe:	elektrische Spannung
Bezeichnung:	U
Einheit:	V (Volt)

Messung der elektrischen Spannung:

Das Voltmeter wird <u>an den Stromkreis zugeschaltet!</u> Die Elektronen die durch die Glühlampe fließen, durchlaufen das Messgerät <u>nicht</u>!!
(Parallelschaltung)

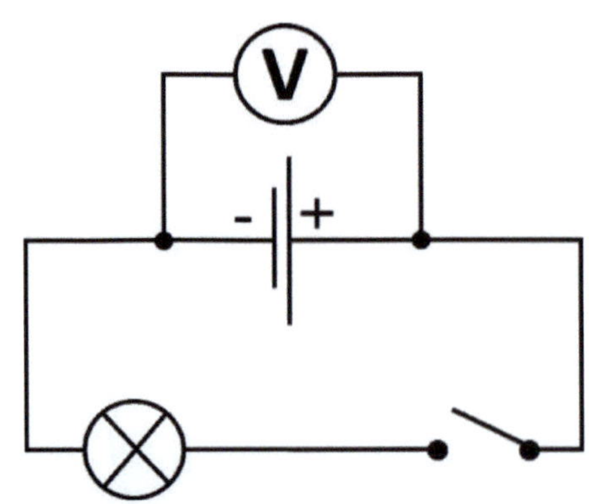

Der elektrische Widerstand

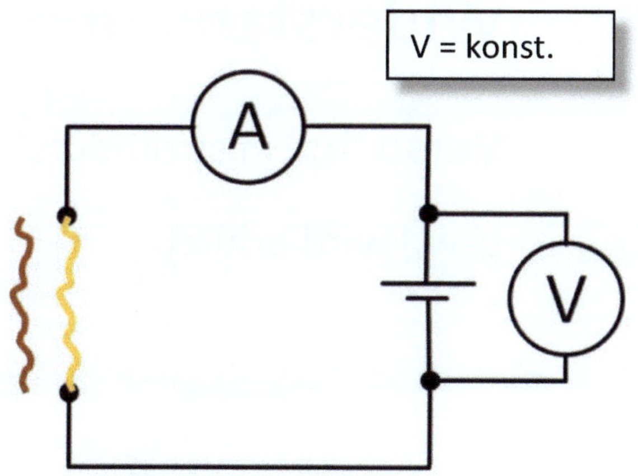

Wir vergleichen die Eigenschaft von zwei **verschiedenen Materialien** (Eisendraht und Kupferdraht) in einem Stromkreis.

Bei **gleicher Spannung** messen wir **unterschiedliche Stromstärken**!

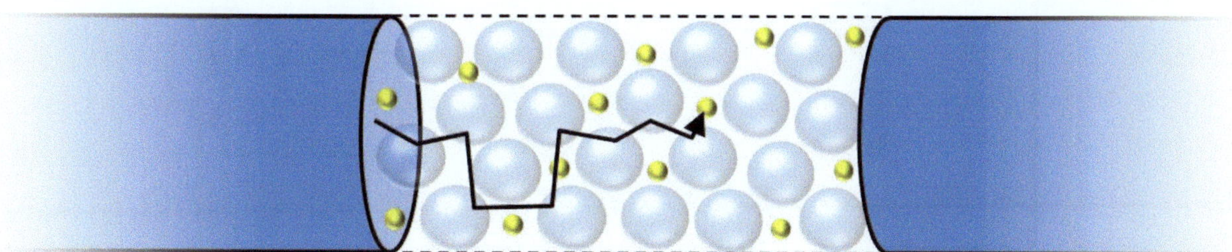

Auf dem Weg durch den Draht werden die Elektronen durch Stöße mit den Atomrümpfen daran gehindert den direkten Weg zu nehmen.

Die Eigenschaft eines Leiters, die Bewegung der Elektronen zu behindern, bezeichnet man als **ELEKTRISCHEN WIDERSTAND**.

Der elektrische Widerstand eines Drahtes weist folgende Abhängigkeiten auf:

- <u>Verschiedene Materialen</u> behindern den elektrischen Strom unterschiedlich stark.
- Je größer der <u>Querschnitt</u> eines Leiters ist, desto größer ist die elektrische Stromstärke.
- Je <u>länger</u> der Leiter ist, desto geringer ist die elektrische Stromstärke.

Es gilt: Je größer der elektrische Strom durch einen Draht, desto kleiner der elektrische Widerstand des Drahtes (bei gleicher Spannung).

Physikalische Größe:	Elektrischer Widerstand
Bezeichnung:	R (engl. resistance)
Einheit:	Ω (Ohm)

Schaltsymbol: ⊐▭⊏

Widerstand und Temperatur

Versuch: Ein stromdurchflossener Leiter (Draht, z.B. Eisen, Kupfer, usw.) wird erhitzt.

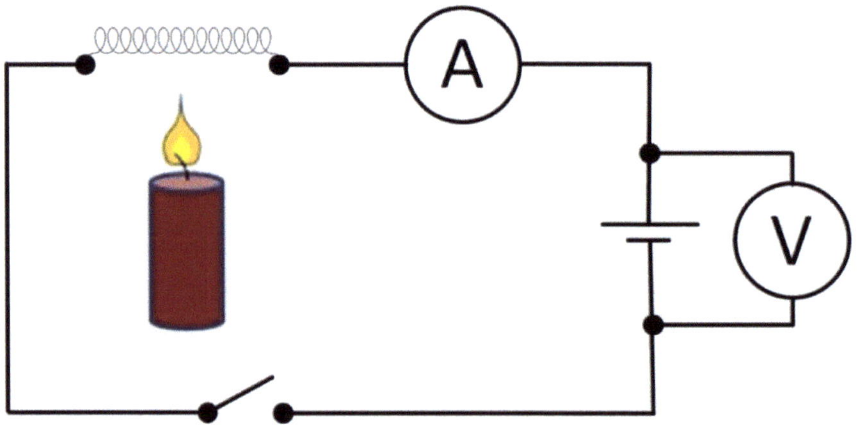

Beobachtung: Bei konstanter Spannung geht für steigende Temperaturen die Stromstärke zurück.

Das bedeutet, dass die Elektronen bei steigender Temperatur nicht mehr so gut durch den Leiter gelangen können. (stärkere Bewegung der Teilchen mit steigender Temperatur)

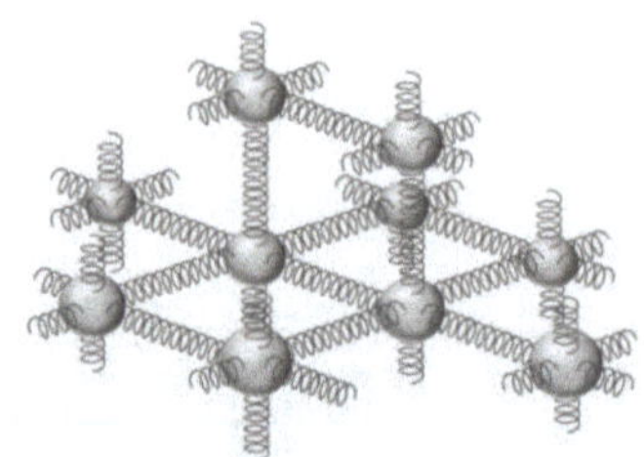

Der Widerstand eines Leiters wächst

mit steigender Temperatur!

Eine **Ausnahme** bildet das Material **Konstantan** (Legierung aus Kupfer und Nickel [Zusammensetzung: ca. 60% Cu; 40% Ni]. Der Name deutet schon an, dass sich der Widerstand dieses Materials **nicht mit der Temperatur** ändert.

Das Ohmsche Gesetz

Bei unterschiedlichen elektrischen Spannungen werden in einem Stromkreis auch unterschiedliche elektrische Stromstärken gemessen.

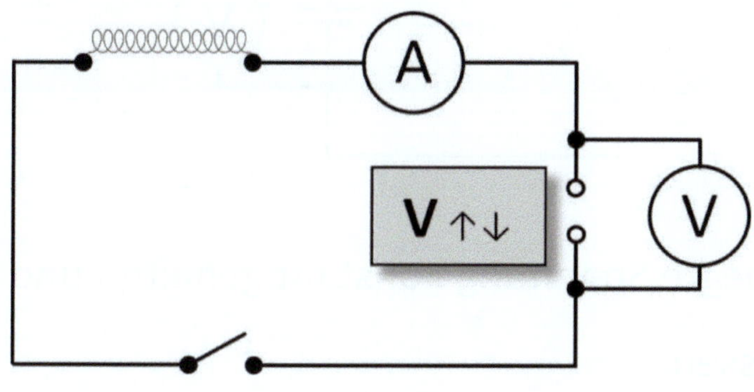

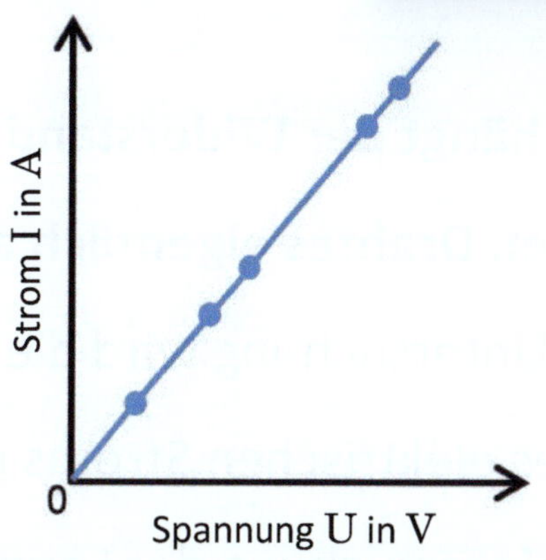

Stromstärke (I) und Spannung (U) sind proportional zueinander. Der Quotient aus der Spannung zwischen den Enden eines Leiters und der Stromstärke wird als elektrischer Widerstand (R) bezeichnet.

Physikalische Größe	Elektrischer Widerstand
Bezeichnung	R *(engl. resistance)*
Einheit	Ω (Ohm)

Das Ohmsche Gesetz beschreibt den Zusammenhang zwischen der Spannung, dem Strom und dem Widerstand.

Es gilt:
$$\text{Widerstand} = \frac{\text{Spannung}}{\text{Stromstärke}} \qquad R = \frac{U}{I} \quad \Leftrightarrow \quad U = R \cdot I \;;\; I = \frac{U}{R}$$

Berechnungsbeispiel:

Geg.: $U = 12V,\, I = 3A$

Ges.: R

Lös.: $R = \dfrac{U}{I} = \dfrac{12V}{3A} = 4\Omega$

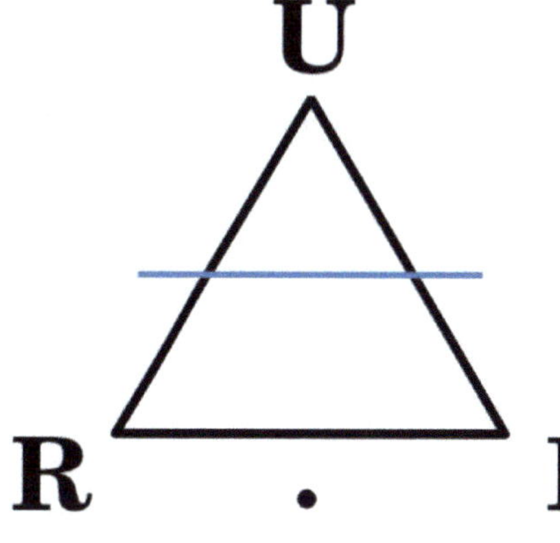

Der spezifische Widerstand

Für den elektrischen Widerstand gilt das Ohmsche Gesetz:

Schaltung zur Untersuchung:

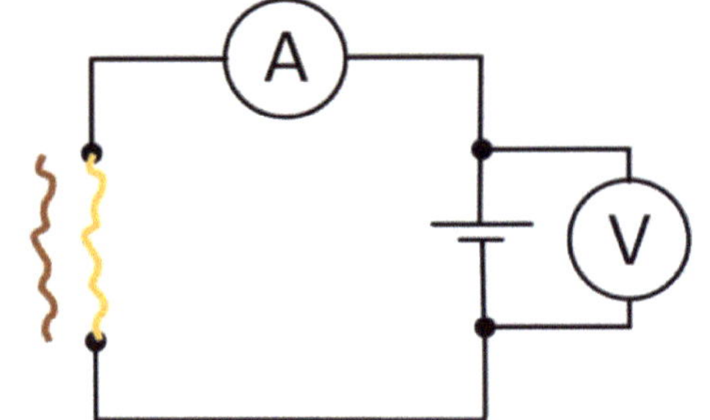

$$R = \frac{U}{I}$$

Frage:

Wovon hängt der Widerstand eines einfachen Drahtes eigentlich ab?

Für die Untersuchung wird die angelegte Spannung konstant gehalten und der Wert des elektrischen Stroms gemessen.

❶ Untersuchung der **Länge des Drahtes**:

→ Je länger der Draht, desto weniger Strom wird gemessen, das heißt, desto **größer** ist der elektrische Widerstand.

❷ Untersuchung der **Dicke des Drahtes**:

→ Je dicker der Draht, desto mehr Strom wird gemessen, das heiß desto **kleiner** ist der elektrische Widerstand.

❸ Untersuchung **des Materials**:

→ Verschiedene Materialien leiten den Strom unterschiedlich gut.

Stoff	$\rho = \dfrac{\Omega \cdot mm^2}{m}$
Silber	0,016
Kupfer	0,017
Eisen	0,10
Konstantan	0,5
Graphit	8,0
Kohle	50 … 100

$$R = \rho \cdot \frac{l}{A}$$

→ **Es gilt der Zusammenhang:**

ρ : Spezifischer Widerstand des Materials

l : Länge des Drahtes

A : Querschnitt des Drahtes

Der spezifische Widerstand: Aufgaben

Beispiel: Aus welchem Material besteht ein 240m langer Leiter wenn bei einem Querschnitt von 0,4mm² der Widerstand $12\,\Omega$ beträgt?

Geg.: $l = 240m \;\; ; \;\; A = 0,4mm^2 \;\; ; \;\; R = 12\Omega$

Ges.: ρ

Lös.: $\quad R = \rho \cdot \dfrac{l}{A} \quad \Rightarrow \quad \rho = \dfrac{R \cdot A}{l} = \dfrac{12\Omega \cdot 0,4mm^2}{240m} = 0,02\,\tfrac{\Omega \cdot mm^2}{m} \quad \left(\hat{=} Gold \right)$

1) Ein Kupferdraht ist 100 m lang und hat einen Querschnitt von 1,5 mm². Wie groß ist der Leiterwiderstand?

2) Wie groß ist der Leiterwiderstand eines 20 m langen Kupferkabels mit einem Querschnitt von 4 mm² ?

3) Wie viel m Konstantandraht sind notwendig um bei einem Querschnitt von 0,18 mm² einen Widerstand von 5 Ohm zu erreichen?

4) Eine Rolle Nickeldraht trägt die Aufschrift: „Nickel – 0,25 mm²". Du möchtest in einen elektrischen Stromkreis einen Widerstand von $5\ \Omega$ einbauen. Wie könntest du das erreichen?

5) Gegeben ist eine 60 km lange Hochspannungsleitung aus Aluminium mit einem Querschnitt von 1960 mm². Der Abstand der Hochspannungsleitungen beträgt jeweils 150m. Berechne den Leiterwiderstand. (beachte: 60 km = 60 000m)

6) Es soll ein Widerstand von $R = 73,5\ \Omega$ mit einem Wolframdraht hergestellt werden. Der Draht ist auf Spulen aufgewickelt und hat einen Querschnitt von 0,2 mm². Es stehen 5 Spulen mit einer Drahtlänge von jeweils 100m und 5 Spulen mit einer Drahtlänge von jeweils 200m zur Verfügung. Wie könntest du den Widerstand bauen?

7) Berechne den Widerstand einer Bleistiftmine von 10cm Länge und 2mm² Durchmesser. Bemerkung: Bleistiftsminen bestehen heute aus Kohlenstoff ($\rho_{Kohlenstoff} = 35\,\tfrac{\Omega \cdot mm^2}{m}$) und nicht aus Blei wie man es durch den Namen vermuten könnte.

8) Ein 1,4 km langer Kupferdraht hat einen Widerstand von 1,56 Ω . Berechne den Querschnitt.

9) Welchen Querschnitt hat ein 210 m langer Aluminiumdraht, wenn sein Widerstand 1,46 Ohm beträgt?

Lösungen:

1. ($R = 1,2\ \Omega$) 2. ($R = 0,089\ \Omega$) 3. (l = 1,84 m) 4. (l = 1,78 m) 5. ($R = 0,85\ \Omega$, beachte: 60 km = 60 000m)
6. (l = 300m – Also: 1. Möglichkeit: 3 x 100m,   2. Möglichkeit: 1 x 200m und 1 x 100 m) 7. ($R = 1,11\ \Omega$)
8. (A = 15,9 mm²); 9. (A = 4 mm²)

Die elektrische Leistung

Betrachte die Angaben auf einem
Typenschild eines Gerätes
(z.B.: Bohrmaschine, Toaster, Lampe, etc.):

    → Betriebsspannung U (Einheit V)

    → Leistung P (Einheit W)

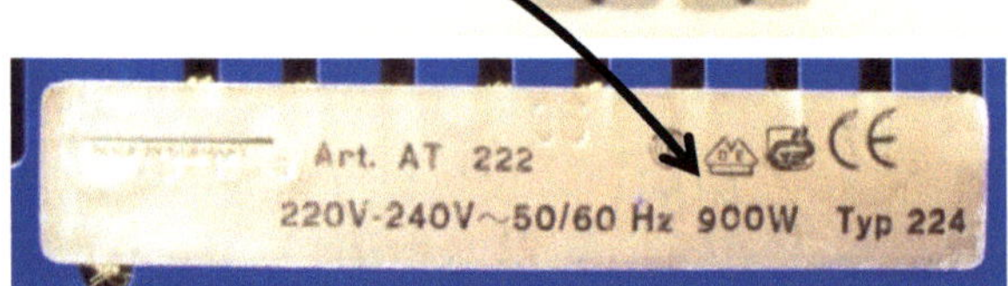

Höhere Leistungen bedeuten:
heller, lauter, stärker, …

a) Für Geräte mit gleicher Betriebsspannung U gilt:
   Je höher der Strom I, desto mehr Leistung liefert das Gerät.
   (vgl.: Glühlampen mit 25W, 60W, 100W…)

b) Weiterhin gilt: Je höher die Betriebsspannung U, desto höher ist
   die Leistung des Gerätes.
   (vgl.: Batteriebetriebene Lampen [Taschenlampen – z.B.
   $U = 3V$] und Lampen mit Netzanschluss [$U = 230\ V$])

$\Rightarrow$ **Das Produkt aus Spannung U und Strom I ist ein Maß**
   dafür, wie viel elektrische Energie pro Zeiteinheit umgesetzt wird.

Es gilt für die elektrische Leistung: $\boxed{P = U \cdot I}$

Physikalische Größe	Elektrische Leistung
Bezeichnung	P *(engl. Power)*
Einheit	W (Watt)

Die elektrische Arbeit

(= elektrische Energie)

Allgemein gilt:

1) Um Arbeit zu verrichten muss man etwas **leisten**!

2) Je länger die **Zeitspanne** ist in der man eine **Leistung** erbringt, desto mehr hat man gearbeitet!

Übertragen auf die Elektrizitätslehre bedeutet das:

Elektrische Leistung: $\boxed{P = U \cdot I}$

Elektrische Arbeit: $\boxed{W = P \cdot t}$ *(t: Zeit, engl. time)*

Physikalische Größe	Elektrische Arbeit
Bezeichnung	W *(engl.: work)*
Einheit	Ws *(Wattsekunde)* = J *(Joule)*

(gebräuchliche Einheit: 1 kWh = 3 600 000 Ws)

Durch umstellen der Formel erhält man: $\boxed{W = P \cdot t} \Leftrightarrow \boxed{P = \dfrac{W}{t}}$

(Leistung = Arbeit pro Zeit)

Beispiele:

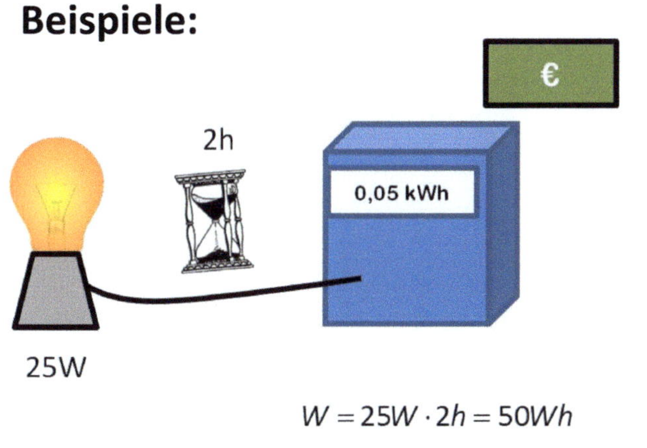

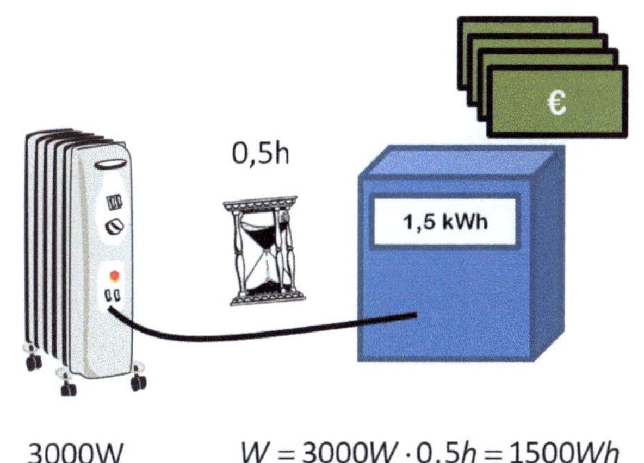

Reihenschaltung und Parallelschaltung

Schaltung mehrerer „Verbraucher" in einem Stromkreis.

1. Die Reihenschaltung

a) Elektrische Ströme in der Reihenschaltung

Drei Lampen sind hintereinander im Stromkreis angeordnet. Dadurch fließt durch jede Lampe der gleiche elektrische Strom:

$$I_{ges} = I_1 = I_2 = I_3 = ...$$

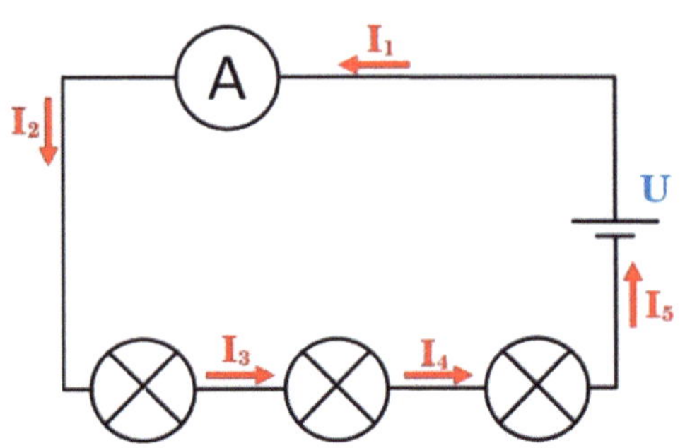

b) Elektrische Spannungen in der Reihenschaltung

Die Spannung der Batterie verteilt sich auf die einzelnen Lampen:

$$U = U_1 + U_2 + U_3 + ...$$

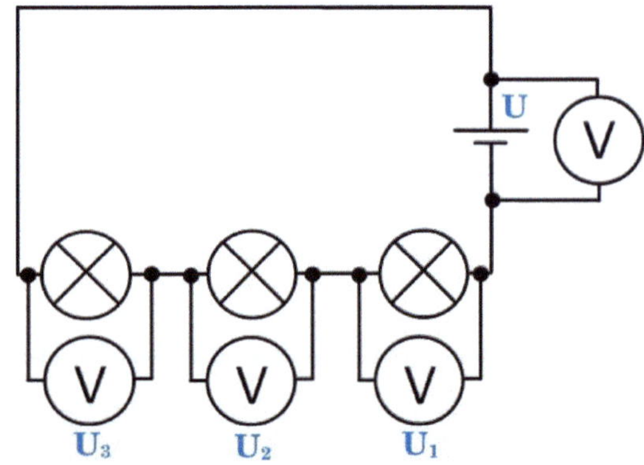

c) Widerstände in der Reihenschaltung

Die Widerstände sind hinter-einander und werden als Teile eines Gesamtwiederstandes vom elektrischen Strom durchflossen:

$$R_{ges} = R_1 + R_2 + R_3 + ...$$

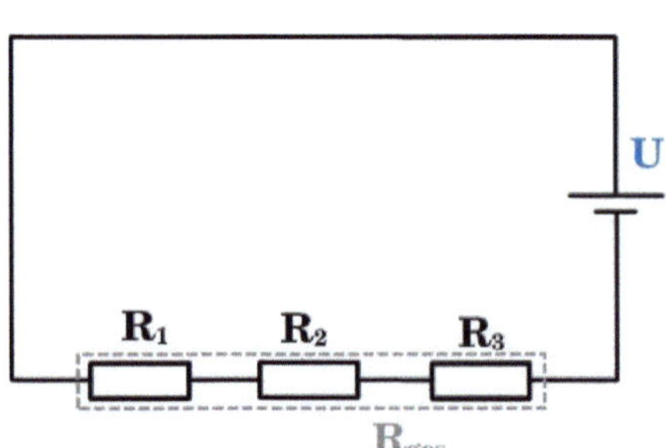

2. Die Parallelschaltung

Bei der Parallelschaltung sind die einzelnen Bauteile jeweils direkt mit der Batterie verbunden.

a) Elektrische Ströme in der Parallelschaltung

Der Gesamtstrom teilt sich auf die einzelnen Lampen auf.

$$I_{ges} = I_1 + I_2 + I_3 + \ldots$$

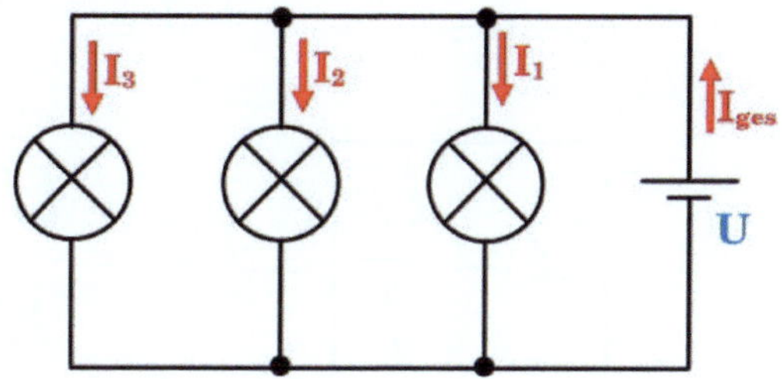

b) Elektrische Spannungen in der Parallelschaltung

Die Spannung der Batterie liegt jeweils an den einzelnen Lampen direkt an:

$$U = U_1 = U_2 = U_3 = \ldots$$

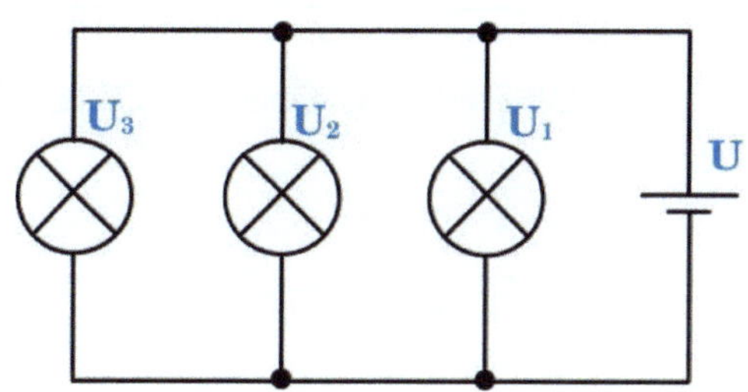

c) Widerstände in der Parallelschaltung

Die Widerstände stellen für den elektrischen Strom alternative Wege dar. Den Elektronen bieten sich dadurch mehr Möglichkeiten zur Batterie zurückzukehren. *(Das*

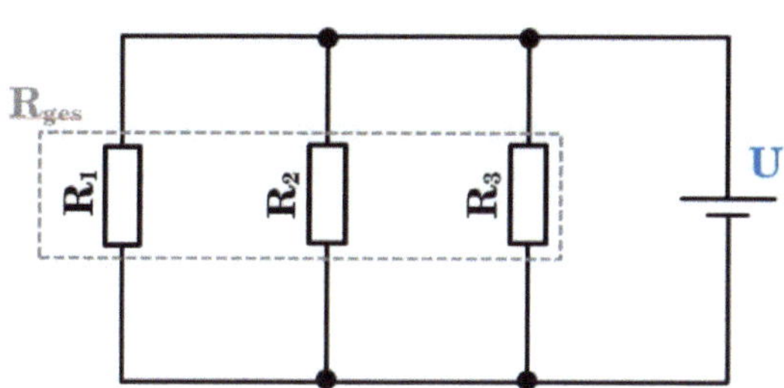

entspricht vergleichsweise einem dickeren Drahtdurchmesser). Der Gesamtwiderstand wird somit kleiner als der kleinste Teilwiderstand.

$$\frac{1}{R_{ges}} = \frac{1}{R_1} + \frac{1}{R_2} + \frac{1}{R_3} + \ldots$$

Der Gesamtwiderstand bei der Parallelschaltung:

Betrachte das Beispiel:

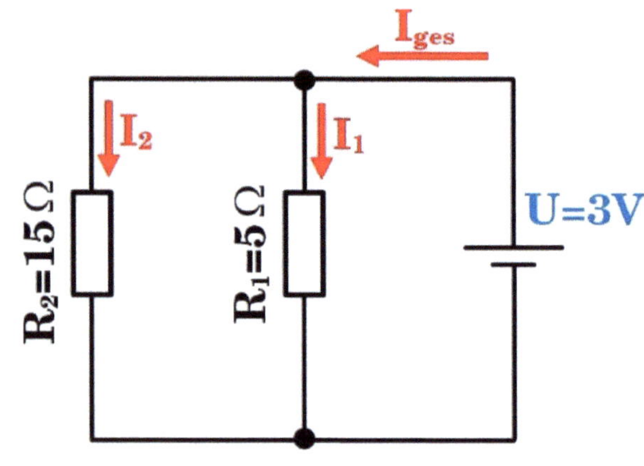

Berechnung der Teilströme:

Es gilt:

$$\boxed{R = \frac{U}{I}} \Rightarrow I = \frac{U}{R}$$

$$\boxed{I_1: \quad I_1 = \frac{U_1}{R_1} = \frac{3V}{5\Omega} = 0,6A} \qquad \boxed{I_2: \quad I_2 = \frac{U_2}{R_2} = \frac{3V}{15\Omega} = 0,2A}$$

Vergleiche die Quotienten:

$$\frac{I_1}{I_2} = \frac{0,6}{0,2} = 3 \quad \Bigg| \quad \frac{R_2}{R_1} = \frac{15}{5} = 3$$

$$\boxed{\rightarrow \text{ Die Widerstände verhalten sich } \textbf{umgekehrt} \text{ zu den Strömen!}}$$

Weiterhin gilt für die Ströme: $\quad I_{ges} = I_1 + I_2 \;;\; \left(U_1 = U_2\right)$

$$\rightarrow \quad \frac{U}{R_{ges}} = I_{ges} = I_1 + I_2 = \frac{U}{R_1} + \frac{U}{R_2}$$

$$\rightarrow \quad \frac{U}{R_{ges}} = \frac{U}{R_1} + \frac{U}{R_2} \qquad \Big| : U$$

$$\Rightarrow \boxed{\boxed{\frac{1}{R_{ges}} = \frac{1}{R_1} + \frac{1}{R_2}}}$$

Einschub: Parallelschaltung von zwei Widerständen

Die allgemeine Formel für den Gesamtwiderstand von mehreren parallel geschalteten Widerständen lässt sich für den Fall von genau zwei Widerständen in eine einfache Form bringen:

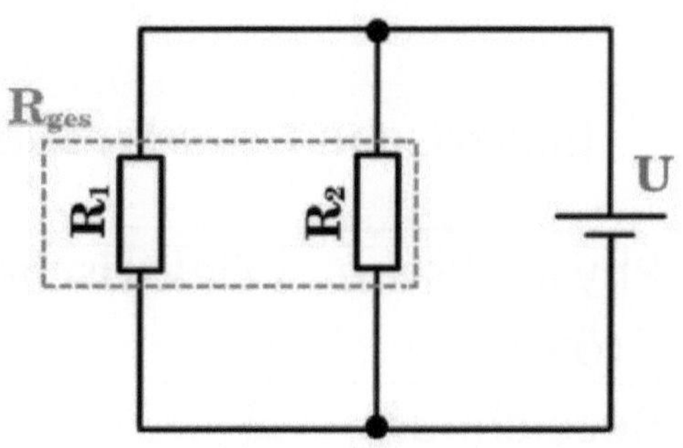

Die allgemeine Formel lautet für diesen Fall:

$$\frac{1}{R_{ges}} = \frac{1}{R_1} + \frac{1}{R_2}$$

Wir formen um:

$$\frac{1}{R_{ges}} = \frac{R_2}{R_1 \cdot R_2} + \frac{R_1}{R_2 \cdot R_1}$$

und erhalten:

$$\frac{1}{R_{ges}} = \frac{R_1 + R_2}{R_1 \cdot R_2}$$

Jetzt stürzen wir die Brüche auf beiden Seiten und erhalten eine einfache Formel:

$$\boxed{R_{ges} = \frac{R_1 \cdot R_2}{R_1 + R_2}}$$

Diese Formel lässt sich in vielen Fällen leichter anwenden.

Elektrizität (Übersicht)

Elektrische Grundgrößen:

Physikalische Größe	Elektrischer Strom
Bezeichnung	I
Einheit	A (Ampere)

Physikalische Größe	Elektrischer Spannung
Bezeichnung	U
Einheit	V (Volt)

Messung:

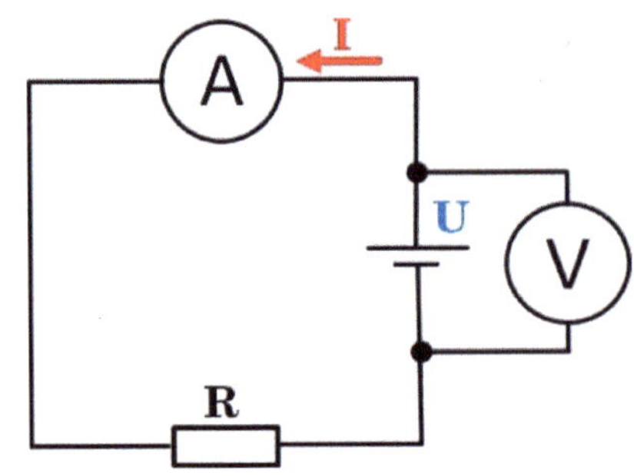

Weitere elektrische Größen:

Physikalische Größe	Elektrischer Widerstand
Bezeichnung	R (engl. Resistance)
Einheit	Ω (Ohm)

Ohmsches Gesetz:
$$U = R \cdot I$$

Physikalische Größe	Elektrische Leistung
Bezeichnung	P (engl. Power)
Einheit	W (Watt)

Es gilt:
$$P = U \cdot I$$

Physikalische Größe	Elektrische Arbeit
Bezeichnung	W (engl. work)
Einheit	Ws (Wattsekunde) = J (Joule)

Es gilt:
$$W = P \cdot t$$

vgl. Mechanik: 1J = 1Ws = 1 Nm   (1 Joule = 1 Newtonmeter)

Magnetismus (1)

Ein Magnet zieht Körper aus Eisen, Nickel und Kobalt an. Diese Materialien gehören zur Stoffgruppe der Ferromagnetika.

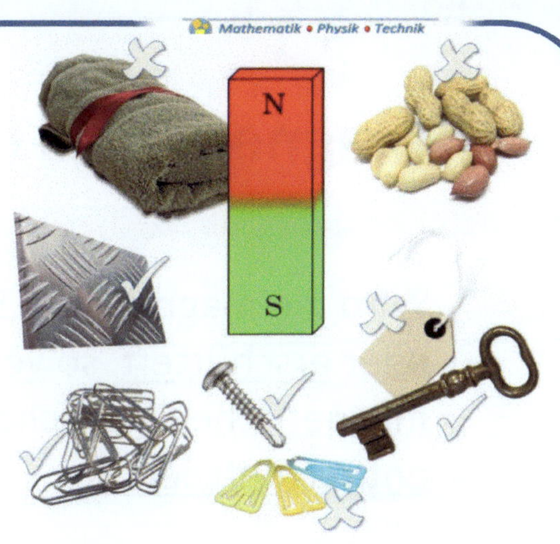

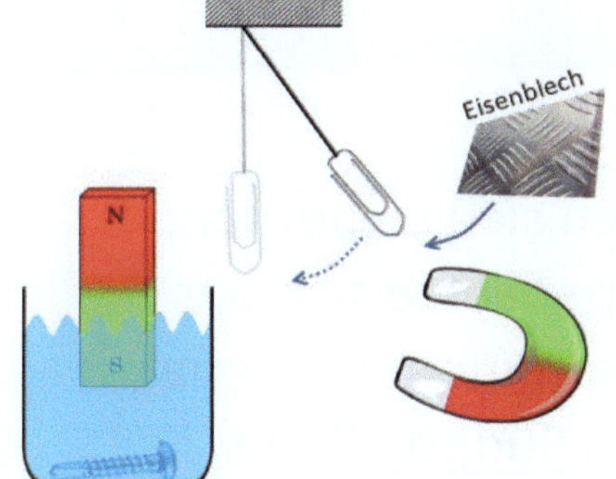

Die magnetische Kraft kann Gase, Flüssigkeiten und feste Körper durchdringen. Sie wird durch Ferromagnetika abgeschirmt.

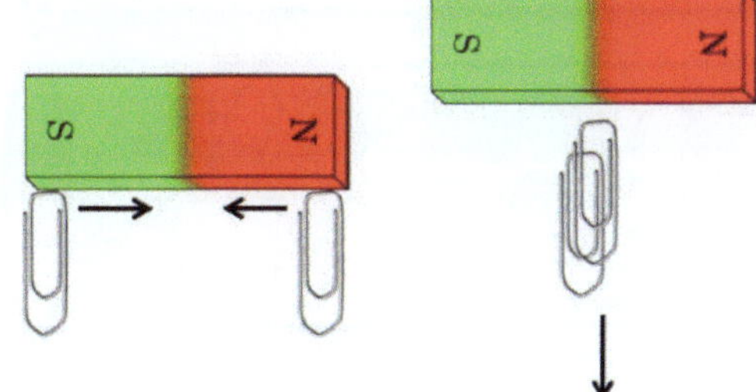

Jeder Magnet hat zwei Pole:
Einen Nordpol und einen Südpol.
Dort ist die magnetische Kraft am größten.

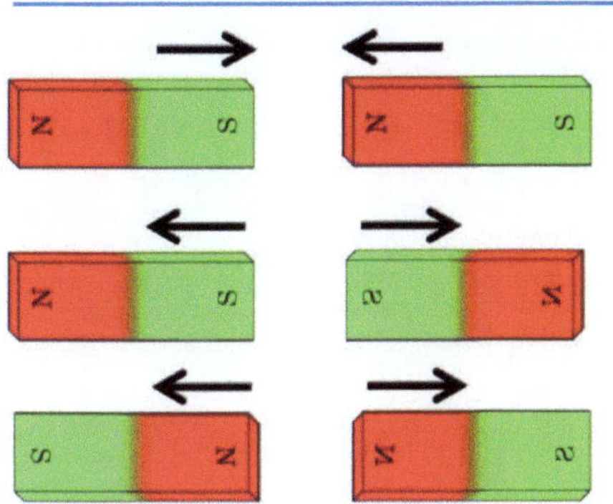

Das Polgesetz beschreibt, wie Magnetpole aufeinander einwirken:
Gleichnamige Pole stoßen einander ab, ungleichnamige Pole ziehen einander an.

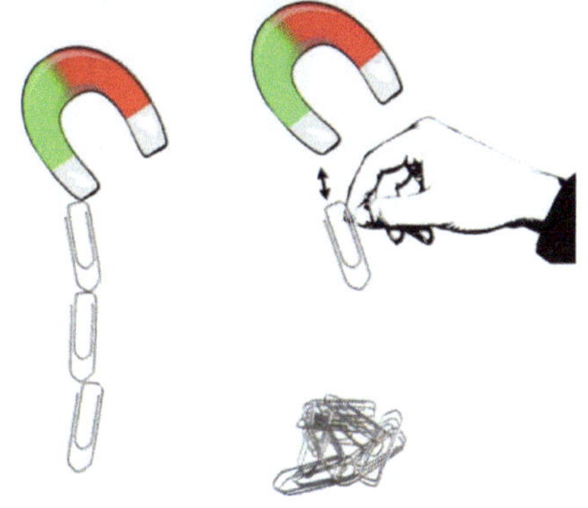

Berühren wir einen ferromagnetischen Körper mit einem Magneten, so wird er magnetisiert und zieht andere Körper aus Eisen, Nickel und Kobalt an. Entfernen wir den Magneten, so verliert der Körper diese magnetische Eigenschaft wieder.

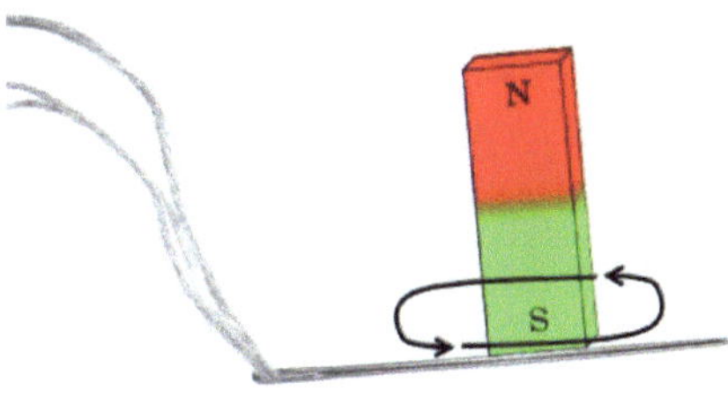

Bringen wir eine Näh- oder Stricknadel aus *Stahl* mit einem Magneten in Berührung oder bestreichen wir sie mit ihm, so wird die Nadel selbst zum Magneten. Im Gegensatz zu (Weich-)Eisen kann bei Stahl die magnetische Eigenschaft für lange Zeit beibehalten werden.

Magnetismus (2)

Wird die magnetische Stahlnadel <u>stark erhitzt</u> oder <u>erschüttert</u>, so <u>verliert sie</u> die magnetische Eigenschaft; sie wird <u>entmagnetisiert</u>.

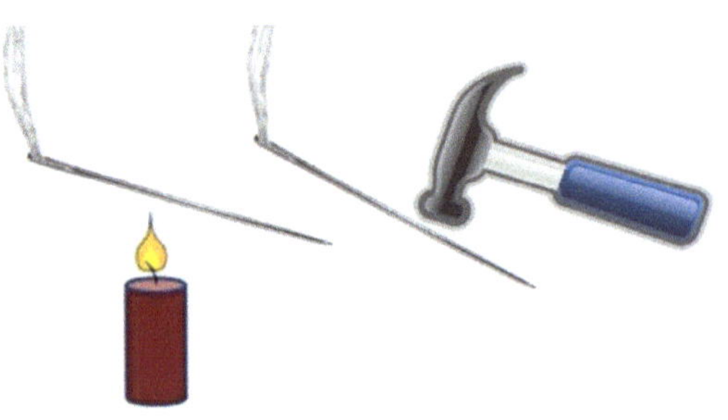

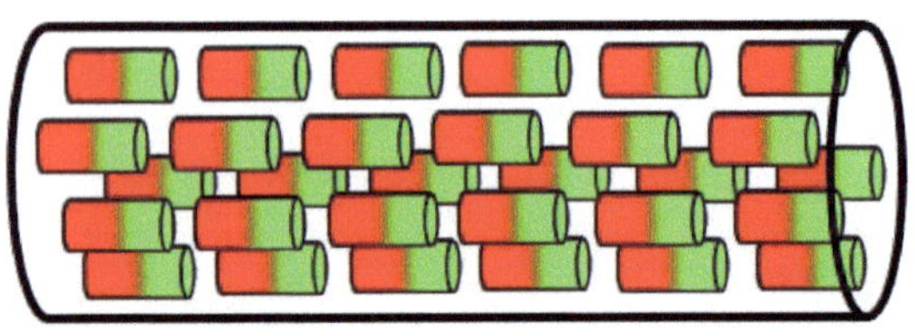

Die Beobachtungen lassen sich so deuten: Wir nehmen an, der Körper setze sich aus <u>Elementarmagneten</u> zusammen. Jeder hat einen <u>Nordpol</u> und einen <u>Südpol</u>. Beim unmagnetischen Eisenstab sind diese <u>Elementarmagnete ungeordnet</u>. Durch Einwirkung eines Magneten werden sie <u>geordnet</u> (Influenz).

Bringen wir magnetische Nadeln in den Bereich eines Magneten, so ordnen sich diese und zeigen den Verlauf der <u>magnetischen Feldlinien an (N→S)</u>. Auf jede magnetische Nadel im Raum um den Magneten wirkt eine Kraft. Man nennt diesen Raum ein <u>Magnetfeld</u>. *(Zeichne das entsprechende Bild eines Hufeisenmagneten in dein Heft!)*

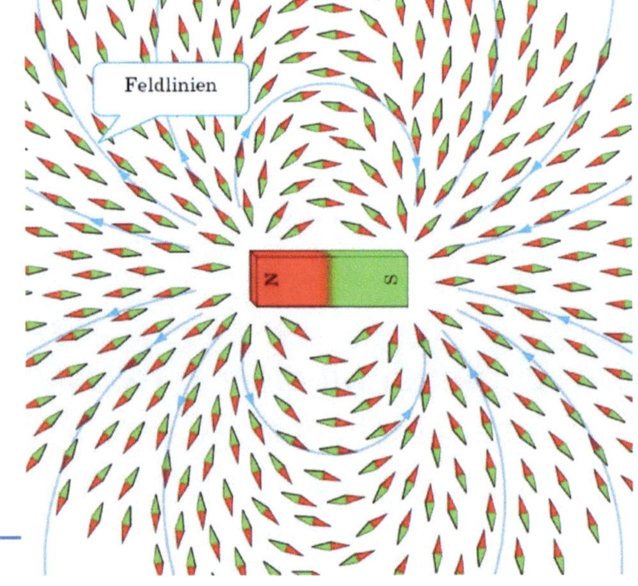

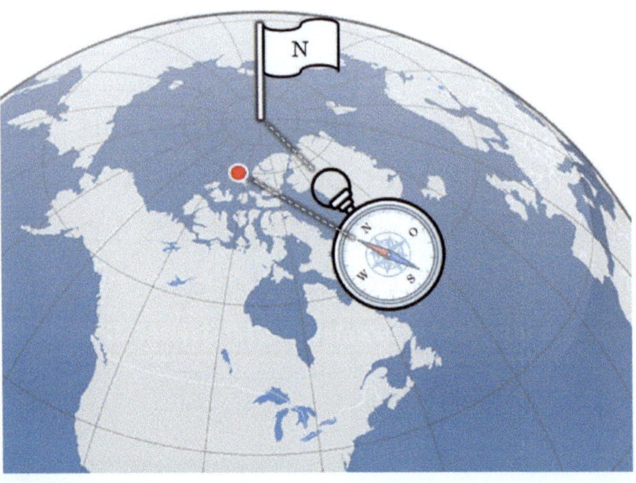

Auch <u>die Erde</u> ist ein Magnet. Eine <u>Kompassnadel</u> wird vom <u>Magnetfeld</u> beeinflusst. Deshalb stellt sie sich etwa in <u>Nord-Süd-Richtung</u> ein. Die Abweichung der Nadel von der wirklichen <u>Nord-Süd-Richtung</u> heißt <u>Missweisung</u> (Deklination).

Ströme erzeugen Magnetfelder

Bereits im Amperemeter wurde die magnetische Wirkung des elektrischen Stromes zu dessen Messung angewandt (Ørsted-Versuch).

Bei einem geraden Leiter verlaufen die Magnetfeldlinien kreisförmig um den Leiter. Der Leiter steht dabei senkrecht auf der Ebene der Kreislinien.

Die **„Rechte-Faust-Regel"** gibt die Richtung des elektrischen Stroms I ($\oplus \rightarrow \ominus$) und der Feldlinien an.

Daumen: Stromrichtung

Finger: Magnetfeldrichtung

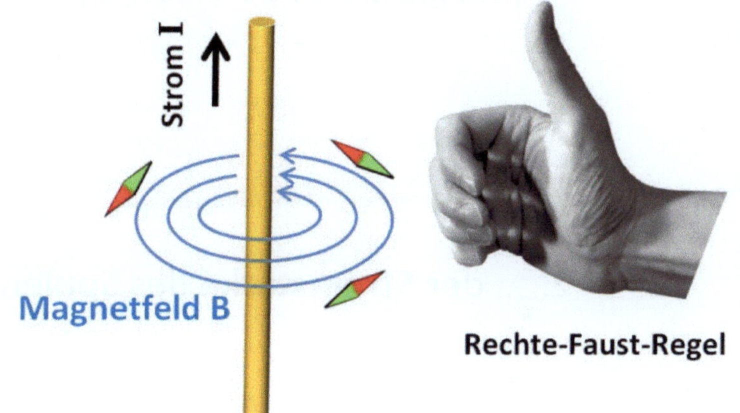

Magnetfeld einer Leiterschleife

Mit Hilfe der „Rechten-Faust-Regel" lässt sich auch das Magnetfeld einer Leiterschleife bestimmen.

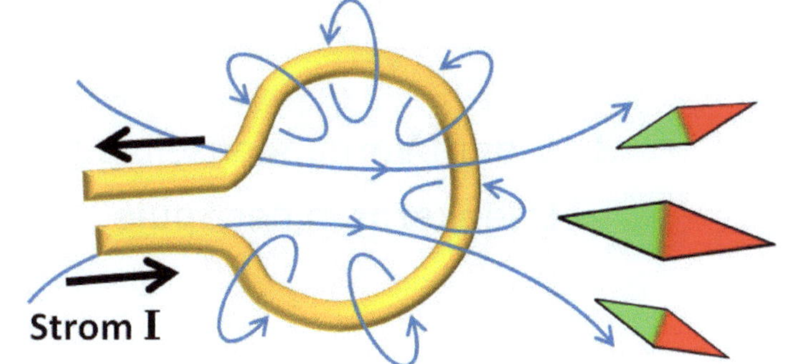

Magnetfeld einer Spule

Mehrere Leiterschleifen bilden eine Spule. Das Magnetfeld außerhalb der Spule entspricht dabei dem eines Stabmagneten.

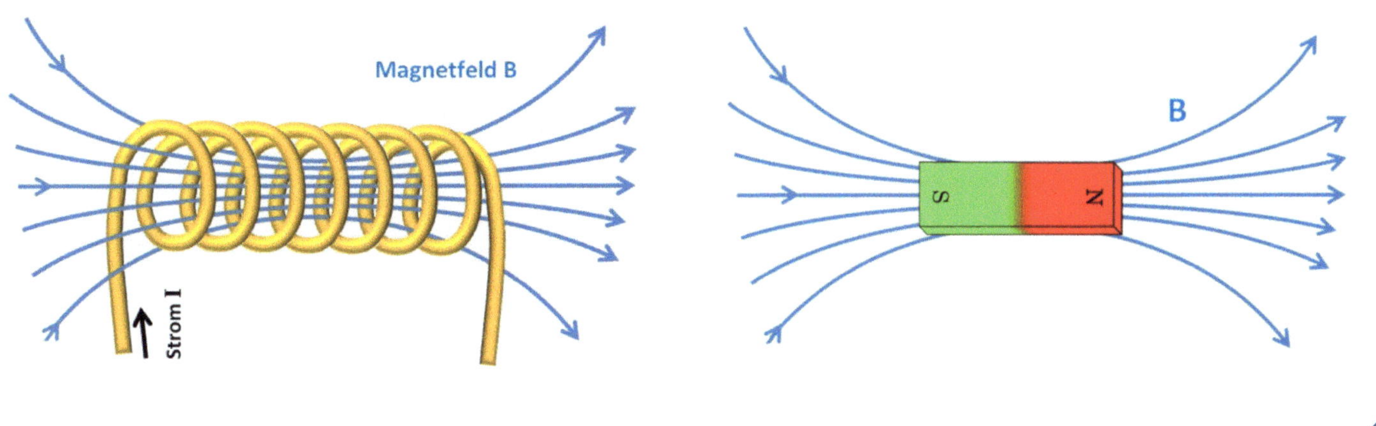

Das **Magnetfeld einer Spule** ist
abhängig von …

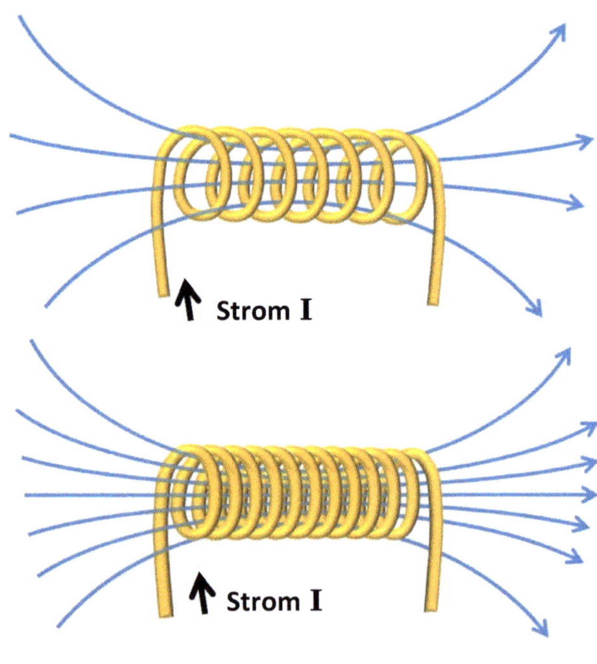

1. … der **Windungszahl**
   (bei gleicher Spulenlänge)

2. … der **Stromstärke** des Spulenstroms

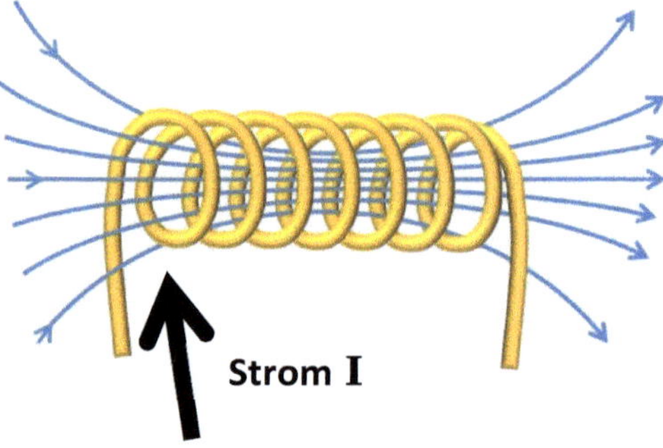

3. … dem Vorhandensein eines
   Eisenkerns in der Spule

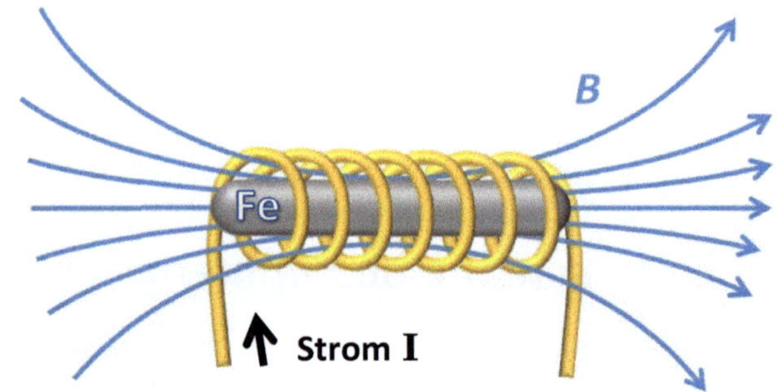

Eine wichtige Anwendung einer stromdurchflossenen Spule
ist ein **Elektromagnet**. Er besteht aus einer Spule mit
Eisenkern die an einer Spannungsquelle angeschlossen ist.

Bewegte Ladungsträger im Magnetfeld

Durchlaufen elektrische Ladungsträger ein Magnetfeld **senkrecht zu den Feldlinien**, so werden sie abgelenkt. Im Magnetfeld wirkt die **Lorentzkraft** auf bewegte Ladungen. Die Kraft wirkt senkrecht zur Bewegungsrichtung und senkrecht zu den Magnetfeldlinien.

Die **Richtung der Lorentzkraft** auf ein bewegtes Elektron lässt sich mit Hilfe der **Drei-Finger-Regel** bestimmen:

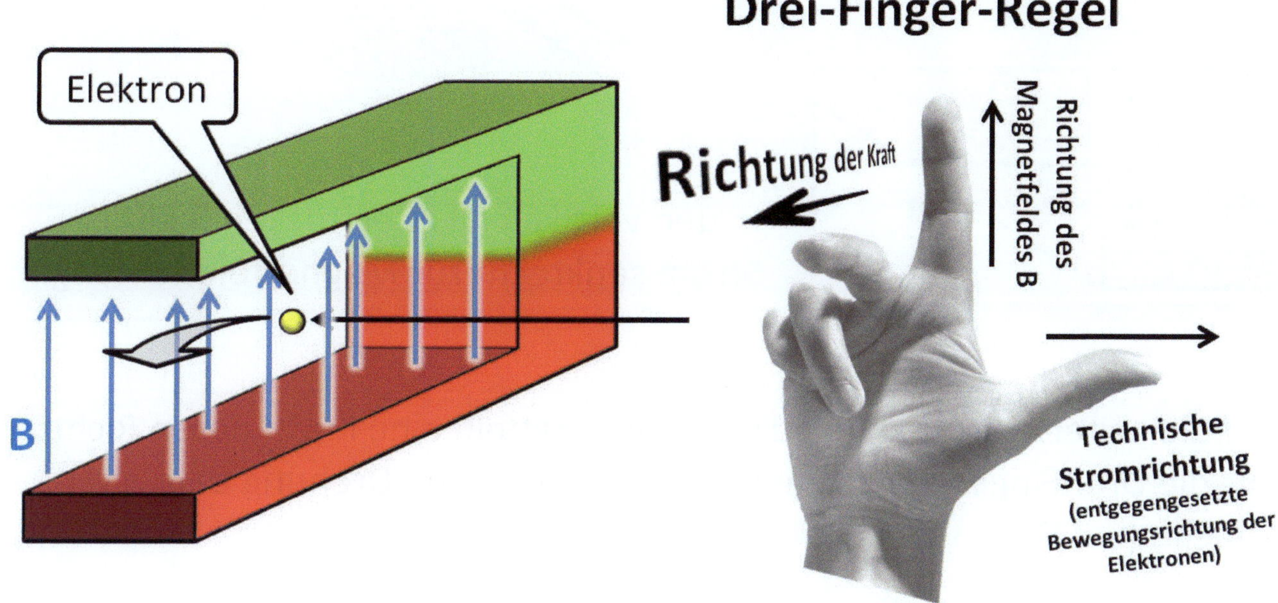

Die Lorentzkraft wirkt auch auf **Ladungsträger in einem Leiter**. Die Kraft wirkt dann auf den ganzen Leiter. Sie ist abhängig von der **Richtung des elektrischen Stromes und dessen Stromstärke**, der **Richtung und Feldstärke des Magnetfeldes** und **wirksamen Leiterlänge** im Magnetfeld.

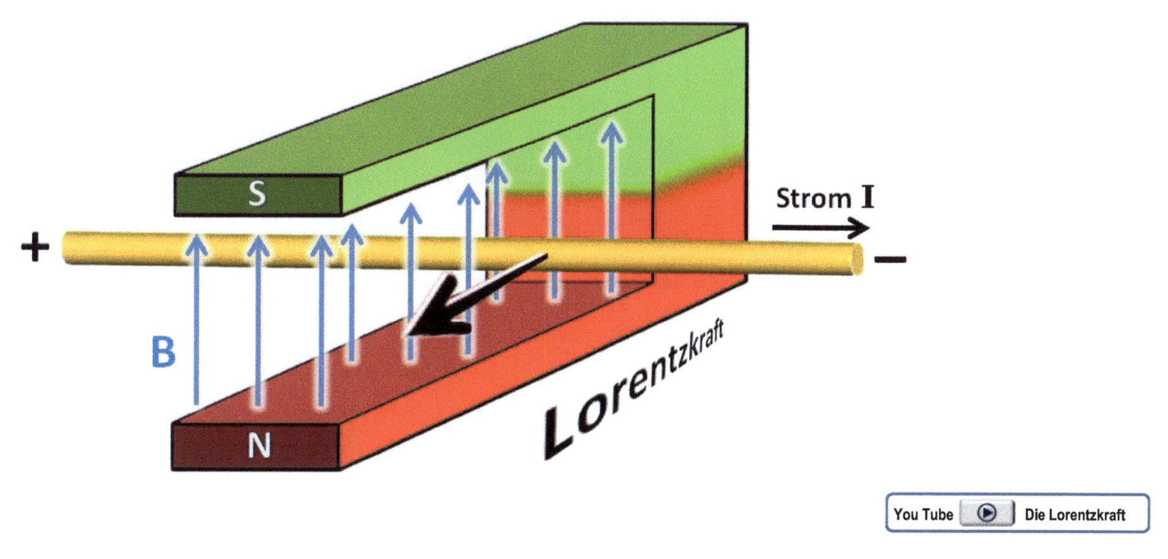

Leiterschleife im Magnetfeld

Eine gebogene Leiterschleife ist
zwischen den Polen eines
Magneten wie dargestellt platziert.

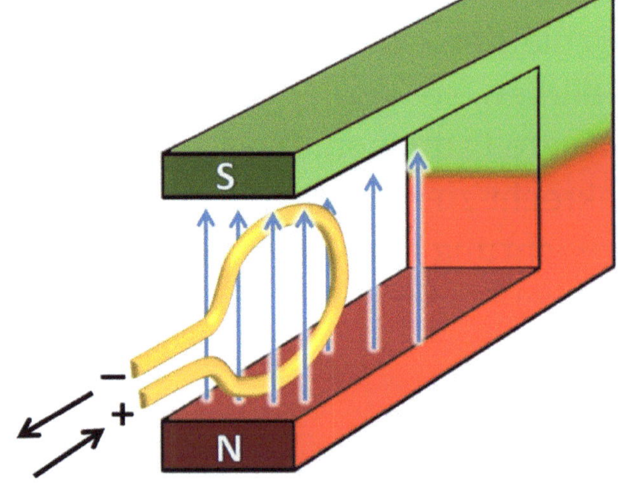

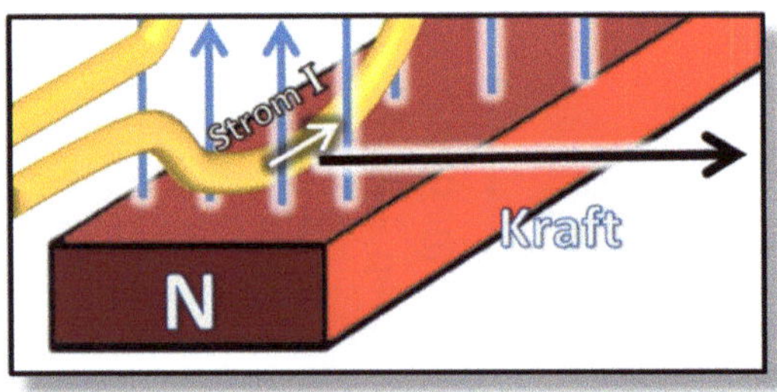

In den vertikalen Leiterstücken fließt der
Strom senkrecht zur Magnetfeldrichtung.

Auf die Leiterteile wirkt im äußeren Magnetfeld eine Kraft, deren Richtung
uns die Drei-Finger-Regel angibt. Dies bewirkt eine Drehung der Leiterschleife (um 90°).

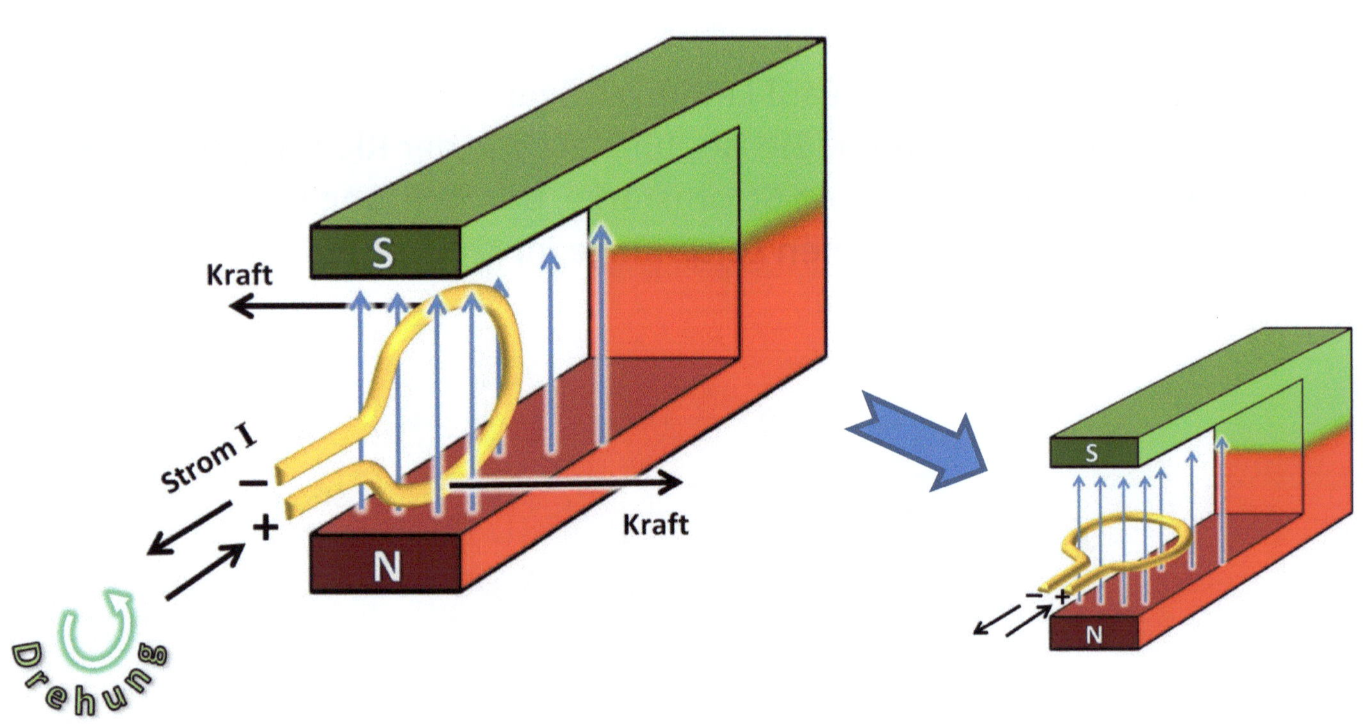

Der Elektromotor

Bestandteile des Elektromotors:
1) Stator
2) Rotor
3) Polwender

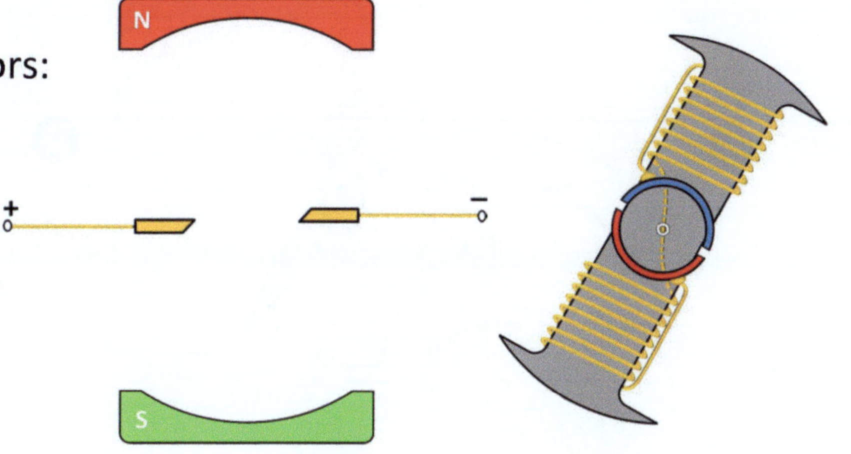

Der **Stator** besteht aus einem fest installierten Dauermagneten. Der **Rotor** ist eine Spule mit Eisenkern die drehbar gelagert ist. Die Anschlüsse der Spule sind halbkreisförmige Kontakte im Zentrum des Rotors.

Der **Polwender** besteht aus den Anschlüssen der Rotorspule und den fest installierten Schleifkontakten die mit der Spannungsquelle verbunden sind.

Je nach Position des Rotors wechseln die Anschlüsse der Schleifkontakte auf den anderen Anschluss der Spule. Dadurch **wechselt die Stromrichtung** in der Spule nach jeweils einer halben Umdrehung des Rotors.

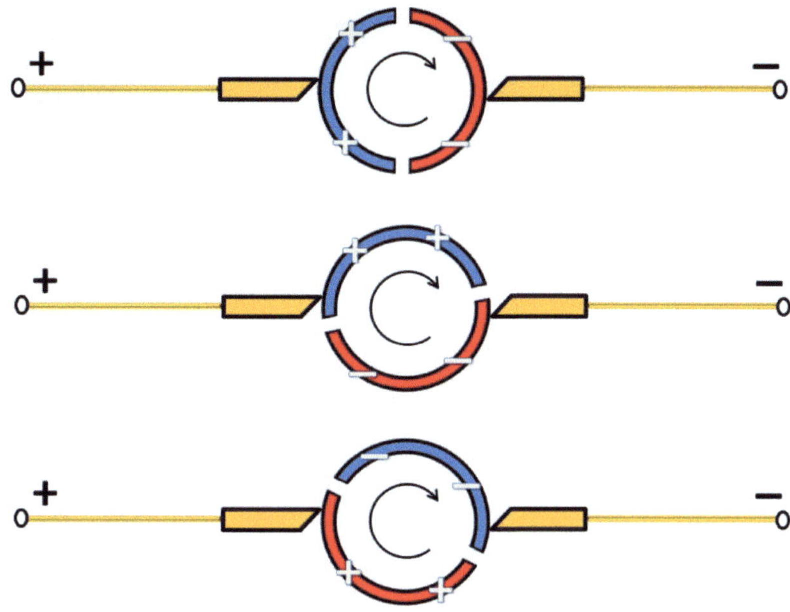

Durch den Spulenstrom wird der Rotor zum Magneten und richtet sich nach dem äußeren Magnetfeld aus.

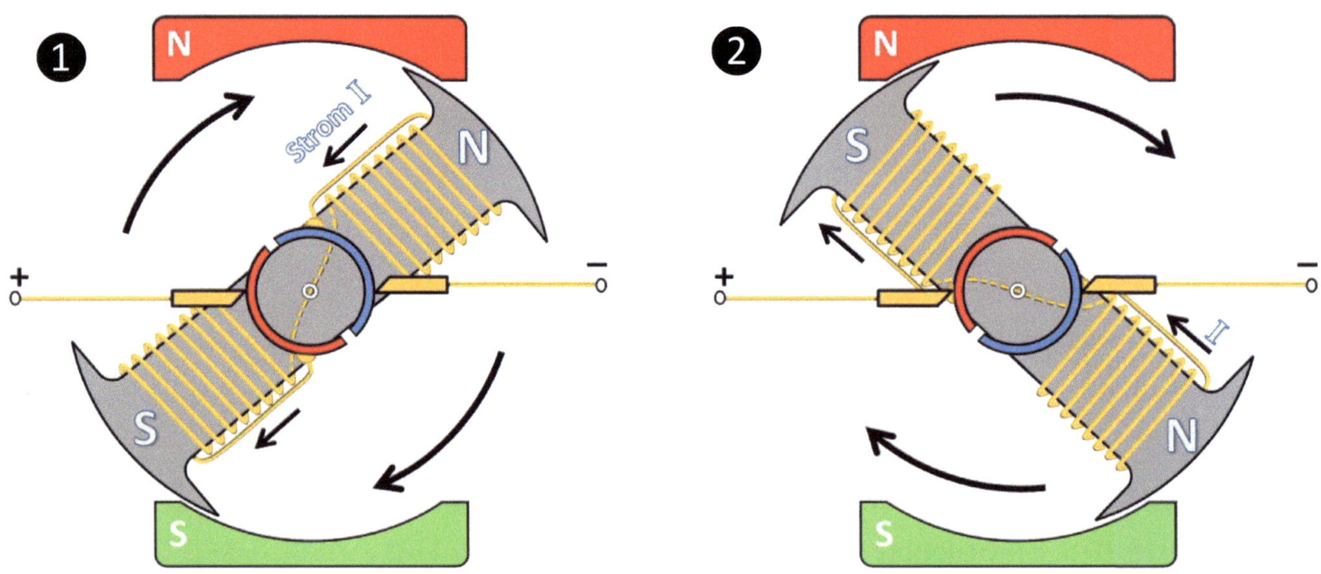

Das führt dazu, dass sich der Rotor dreht ❶ → ❷ (Polgesetz).

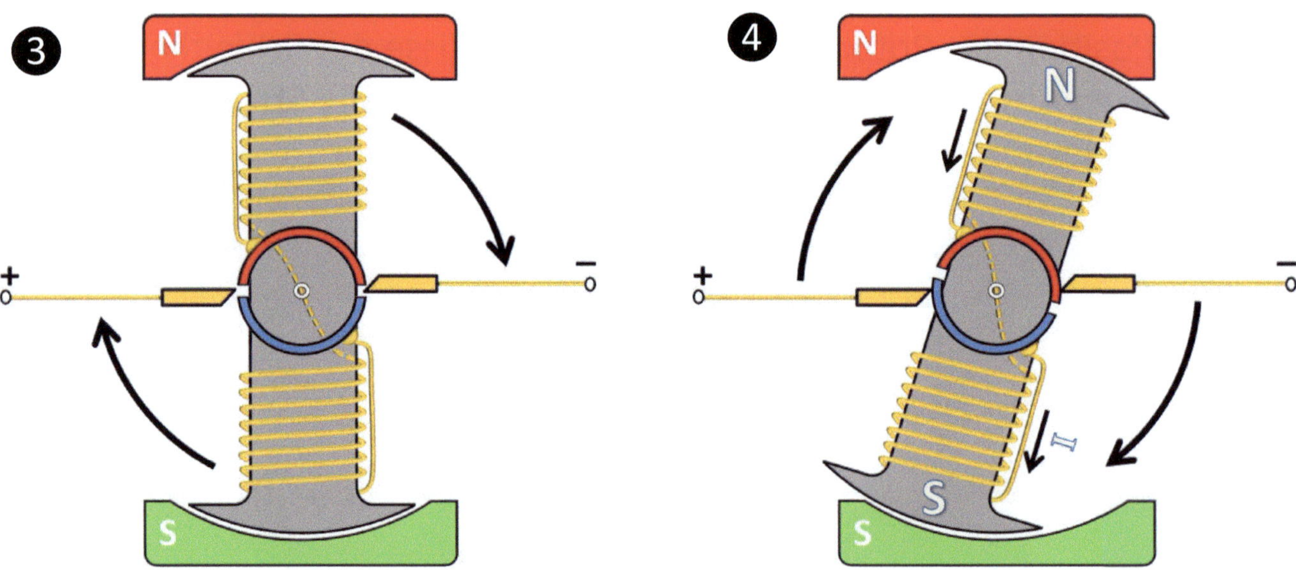

Erreicht der Polwender die Position ❸ in der die Anschlüsse der Spule wechseln, dann ändert sich damit auch die Polung des Rotors. Durch die momentane Rotation gelangt er in die Position ❹. Dann wiederholt sich der Vorgang.

Die Klingel

Eine einfache Anwendung der magnetischen Wirkung des elektrischen Stromes ist die Klingel. Dabei wird der Strom durch die Spule immer wieder durch den Aufbau der Schaltung unterbrochen:

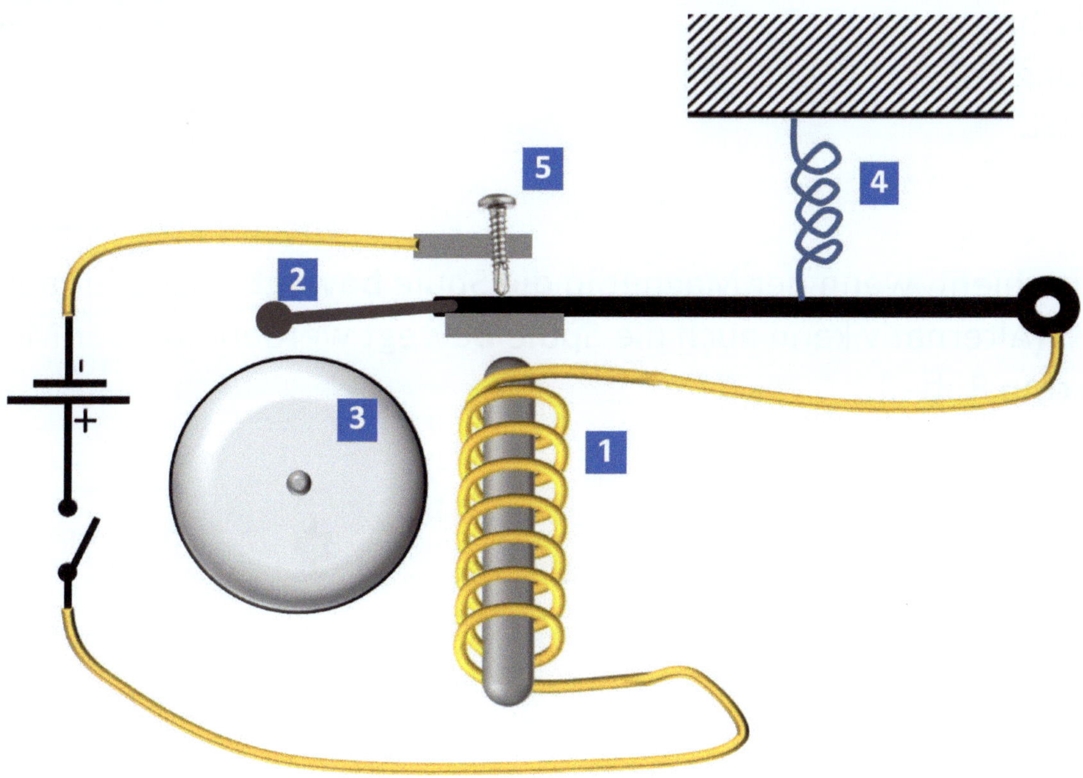

Funktionsweise:

Wird der Schalter geschlossen fließt ein elektrischer Strom durch die Spule ❶ und erzeigt ein Magnetfeld. Dadurch wird der Klöppel ❷ nachunten gezogen und schlägt gegen die Schelle ❸. Gleichzeitig wird dadurch aber der Stromkreis unterbrochen ❺. Dadurch erzeugt die Spule kein Magnetfeld mehr und der Klöppel wird durch die Feder ❹ in die ursprüngliche Position zurückgezogen. Da jetzt aber der Stromkreis wieder geschlossen ist beginnt der Vorgang von neuem.

Elektromagnetische Induktion

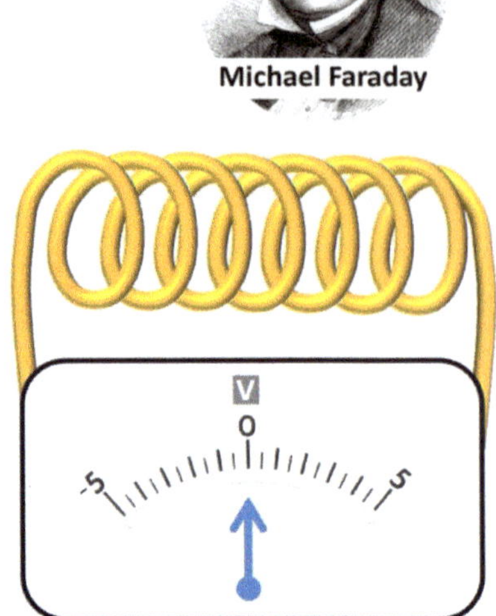
Michael Faraday

Wird in einer Spule das **magnetische Feld verändert**, so wird in ihr eine elektrische Spannung **induziert**.

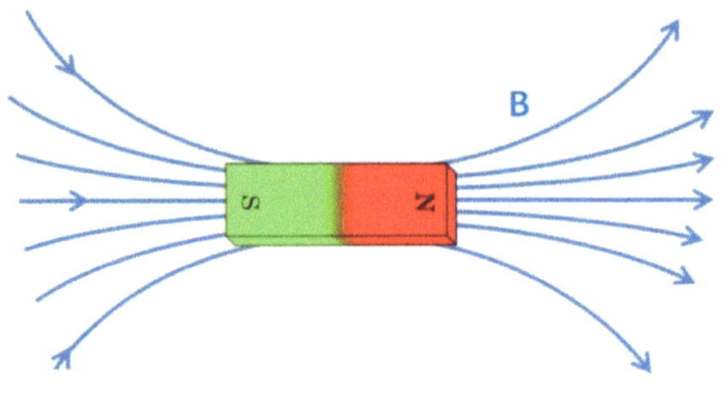

Dies geschieht, wenn der Magnet in die Spule **bewegt** wird oder aus ihr heraus. (Alternativ kann auch die Spule **bewegt** werden und der Magnet verharrt in Ruhe.)

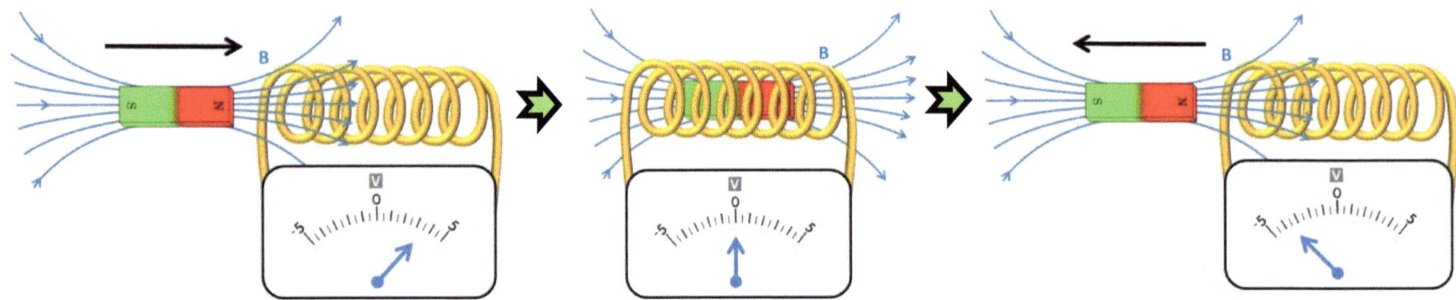

Die **Induktionsspannung** ist umso größer,

- je **schneller die Änderung des Magnetfeldes** stattfindet.
- je **größer die Änderung des Magnetfeldes** ist.
- je größer die **Windungszahl** der Spule ist.

Die Änderung des Magnetfeldes kann auch durch einen **Elektromagneten** bewirkt werden.

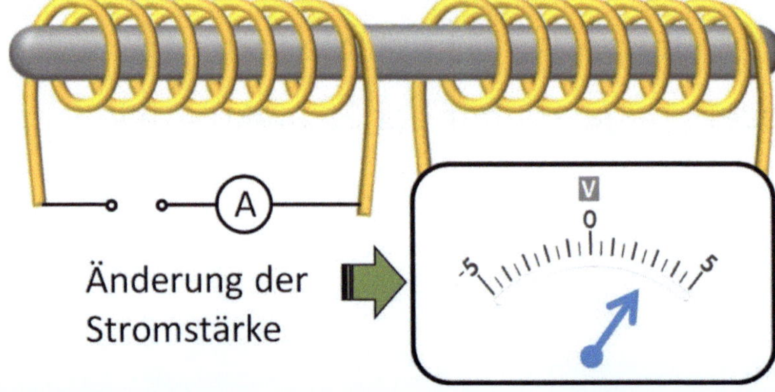

Der Generator (1)

Durch die **Drehung einer Leiterschleife im äußeren Magnetfeld** wird das magnetische Feld das die Leiterschleife durchdringt ständig verändert.

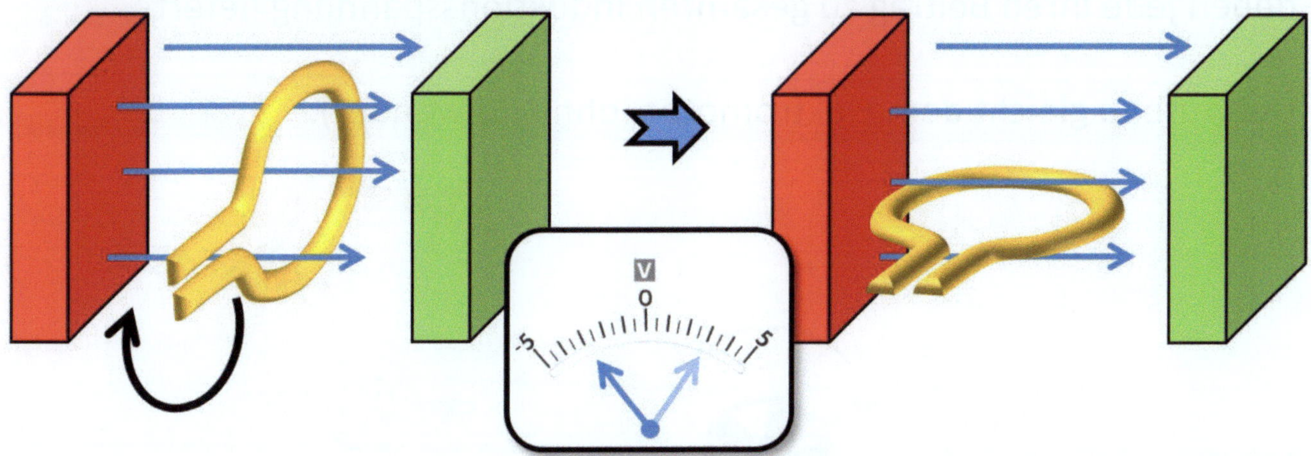

Dadurch kann an den Anschlüssen der Leiterschleife eine **Induktionsspannung** erzeugt werden.

Die Spannung ist zeitlich nicht konstant, sie hat einen sinusförmigen Verlauf. Der Betrag der Polung ändert sich ständig. (Wechselspannung)

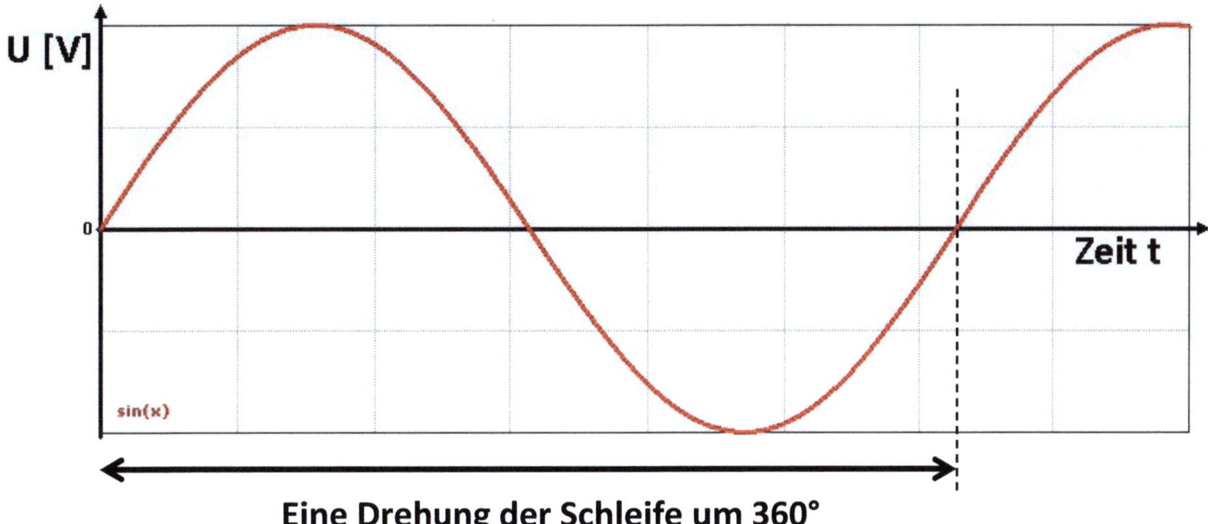

Eine Drehung der Schleife um 360°

Die Induktionsspannung ist umso größer, je schneller sich die Schleife dreht, also je schneller sich der magnetische Fluss durch die Leiterschleife ändert.

Der Generator (2)

Anstelle einer Leiterschleife wird durch die Drehung einer Spule im äußeren Magnetfeld die Wirkung verstärkt. Die Spule besteht aus vielen Windungen von denen jede ihren Beitrag zu gesamten Induktionsspannung liefert.

Der Aufbau gleicht dem Elektromotor (ohne Polwender).

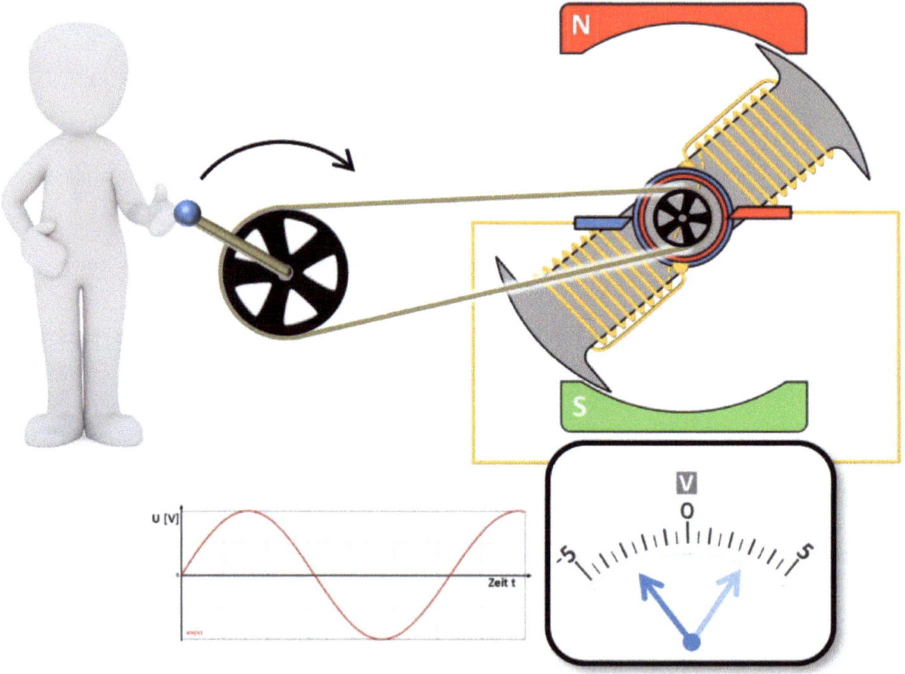

Durch die Kurbel wird die Spule in Drehung versetzt. Die beiden Enden des Spulendrahtes sind über die Schleifkontakte mit dem Messgerät verbunden.

Allgemein gilt das Induktionsgesetz:
Eine Induktionsspannung entsteht, wenn sich der magnetische Fluss durch eine Leiterschleife ändert.

Bei **geschlossenem Stromkreis** wird die Spule selbst zum Magneten dessen Magnetfeld dem äußeren Feld entgegenwirkt. Die mechanische Energie wird in elektrische Energie umgewandelt und im Stromkreis übertragen. Die Kurbel lässt sich dann schwerer drehen je mehr Energie übertragen wird.

Lenzsche Regel: Der Induktionsstrom ist stets so gerichtet, dass sein Magnetfeld der Induktionsursache entgegenwirkt.

Wechselspannung , Wechselstrom

Bei der Verwendung einer Batterie fließt der Strom immer in die gleiche Richtung (Gleichstrom), ein Pol ist der Pluspol und der andere Pol ist der Minuspol. Es liegt eine **Gleichspannung** an.

Bei **Verwendung eines Generators** wechselt die Polung ständig. Bei jeder Umpolung ändert sich die Stromrichtung im Stromkreis (Wechselstrom).

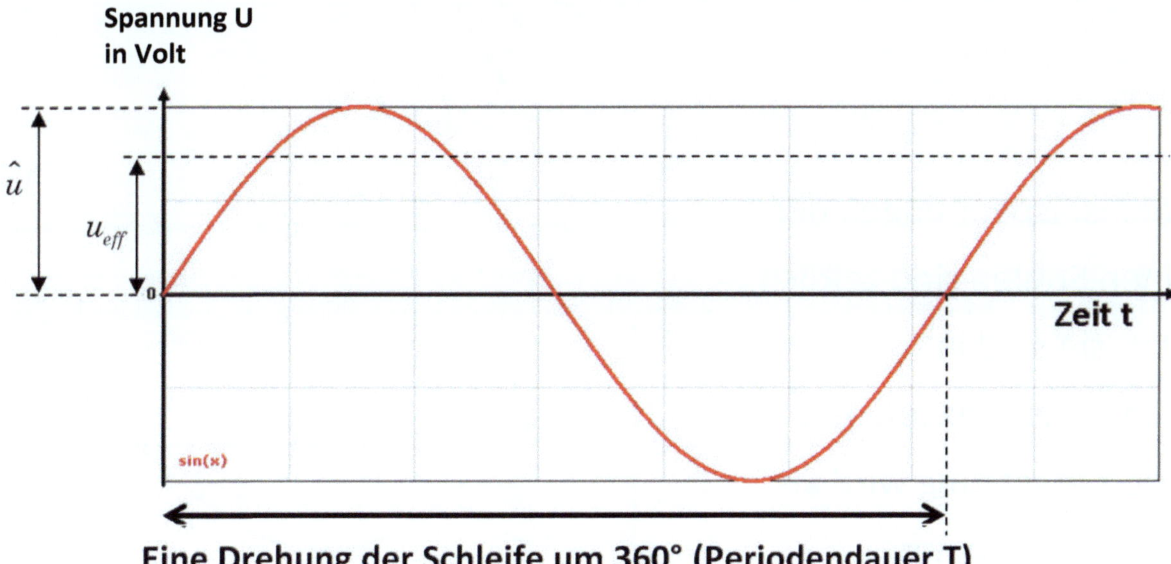

Eine Drehung der Schleife um 360° (Periodendauer T)

Begriffe:

Periodendauer → Zeit für einen vollen Schwingungsverlauf (T)

Frequenz → Kehrwert der Periodendauer $\left(f = \dfrac{1}{T} \right)$

Scheitelspannung → Maximalwert der gemessenen Spannung $\hat{u}$

Scheitelstrom → Maximalwert des gemessenen Stroms $\hat{i}$

Effektivwert des Wechselstroms → Der Wert eines Wechselstroms, der die gleiche Wirkung (Wärmeleistung in einem Widerstand) hervorruft wie ein Gleichstrom. $\boxed{u_{eff} = \hat{u} \cdot \dfrac{1}{\sqrt{2}} \cong 0,707 \cdot \hat{u}}$

Beispiel aus dem Alltag: Fahrraddynamo

Das Drehstromnetz

Durch die Anordnung von drei Spulen um einen rotierenden Magneten erreicht man, dass die Induktion in den Spulen zeitlich versetzt stattfindet.

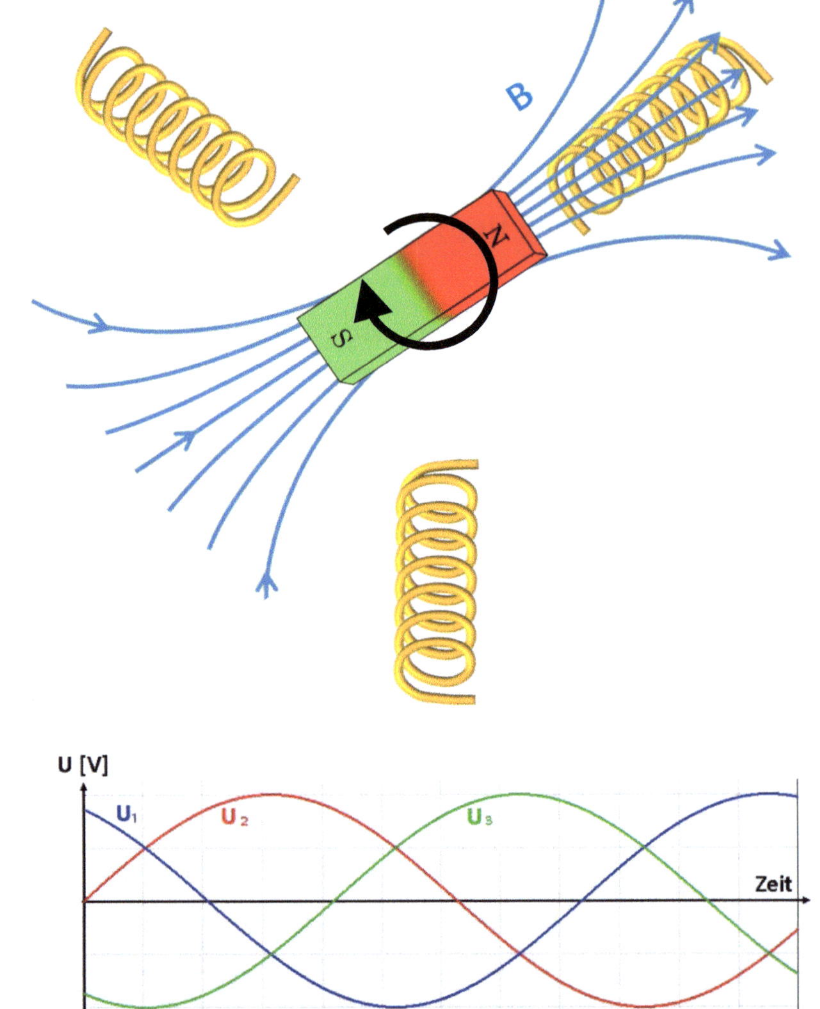

Die Wechselspannungen der einzelnen Spulen sind zeitlich versetzt, sie sind in verschiedenen **Phasen**. Die zeitliche Versetzung wird als **Phasenverschiebung** bezeichnet.

Unser Versorgungnetz im Haushalt ist ebenfalls ein **Drehstromnetz**. Dabei sind die Spulen mit einem gemeinsamen Ende verbunden (Nullleiter) und die jeweils anderen Enden der Spulen bilden die Außenleiter (L_1, L_2 und L_3). Zwischen den Außenleitern und dem Nullleiter messen wir 230V (~).

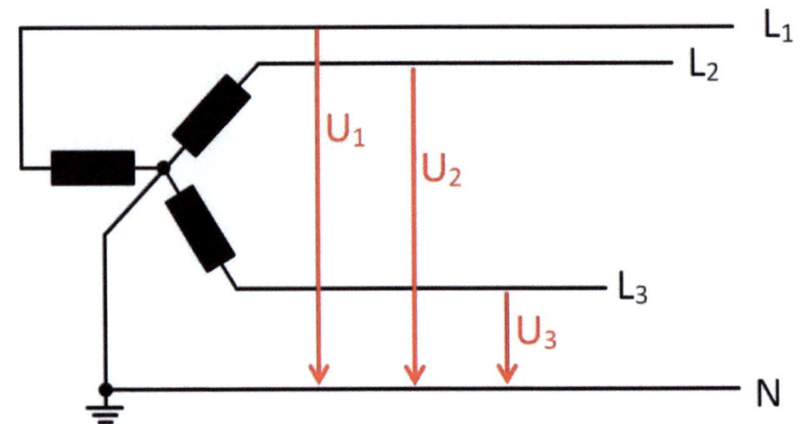

Der Transformator

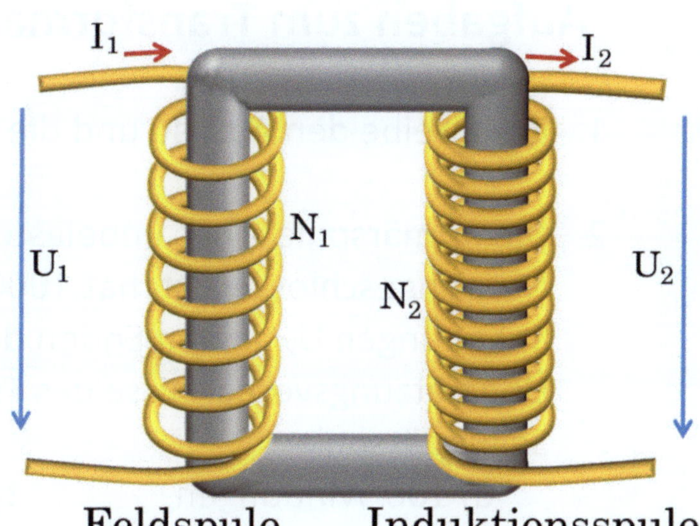

Ein Transformator besteht aus zwei **induktiv gekoppelten Spulen** mit unterschiedlichen Windungszahlen.

Die erste Spule wird als Primärspule, die zweite Spule als Sekundärspule bezeichnet.

N: Windungszahl (primär, sekundär)
U: Spannung (primär, sekundär)
I: Strom (primär, sekundär)

Schaltzeichen: 

Der Transformator wird zur **Veränderung von Wechselspannungen** verwendet. Periodische Änderungen des Primärstroms bewirken Änderungen des magnetischen Flusses. Dies induziert in der Sekundärspule eine Wechselspannung.

Bei einem **unbelasteten Transformator** gilt (ohne Leistungsabgabe):

$$\boxed{\frac{U_1}{U_2} = \frac{N_1}{N_2} = n}$$

n → Windungszahlverhältnis (Übersetzungsverhältnis)

Bei sekundärem Anschluss fließt ein Strom I_2. Dann spricht man vom **belasteten Transformator**. Der Sekundärstrom bestimmt dann den Primärstrom.

Es gilt: $$\boxed{\frac{U_1}{U_2} = \frac{I_2}{I_1} = n}$$

Aufgaben zum Transformator:

1. Beschreibe den Aufbau und die Funktionsweise eines Transformators.

2. Die Primärspule eines unbelasteten Transformators, die an das 230-V-Netz angeschlossen ist, hat 1000 Windungen. Berechne jeweils die Spannungen U_2 an den Enden der Sekundärspule und die zugehörigen Übersetzungsverhältnisse des Transformators, wenn die Sekundärspule:

   a) 100 Windungen,   b) 500 Windungen,
   b) 10000 Windungen,   c) 20000 Windungen

   hat.

3. Ein unbelasteter Transformator soll eine Wechselspannung von 12V auf 48V transformieren. Für den Aufbau stehen Spulen mit 250 Windungen, 500 Windungen, 1000 Windungen und 2000 Windungen zur Verfügung. Wie kann der Transformator aufgebaut werden? Begründe deine Auswahl und erstelle einen Schaltplan.

4. Das Übersetzungsverhältnis eines Transformators beträgt 0,008 bei einer Windungszahl auf der Sekundärseite von 5000. Es soll eine Ausgangsspannung auf der Sekundärseite von 1200 V erzeugt werden. Berechne die anzulegende Spannung an der Primärspule des Trafos. Gib die Windungszahlen der Spulen des Trafos an.

Lösungen:

1. Siehe Folie

2. $\dfrac{U_1}{U_2} = \dfrac{N_1}{N_2} \Rightarrow U_2 = \dfrac{U_1 \cdot N_2}{N_1}$

a) $N_2=100 \leftrightarrow U_2=32V$, n=1000/100=10;   b)$N_2=5000 \leftrightarrow U_2=1150V$, n=1000/5000=0,2
b) $N_2=10000 \leftrightarrow U_2=2300V$, n=1000/10000=0,1 c)$N_2=20000 \leftrightarrow U_2=4600V$, n=1000/20000=0,05

3. $\dfrac{U_1}{U_2} = \dfrac{N_1}{N_2} \Rightarrow \dfrac{12V}{48} = \dfrac{N_1}{N_2} = \dfrac{250}{1000} = \dfrac{500}{2000} \quad \rightarrow \quad N_1 = 250; N_2 = 1000; N_1 = 500; N_2 = 2000;$

4. $n = \dfrac{N_1}{N_2} \Rightarrow N_1 = N_2 \cdot n = 5000 \cdot 0,008 = 40 \qquad \dfrac{U_1}{U_2} = \dfrac{N_1}{N_2} \Rightarrow U_1 = \dfrac{U_2 \cdot N_1}{N_2} = 9,6V$

Tabelle: Farbcode für Festwiderstände (4 Ringe)

Beispiel:

1. Ring (rot)

2. Ring (schwarz)

3. Ring (orange)

4. Ring (braun)

Der Widerstand beträgt 20 000 Ω (= 20 $k\Omega$)

Fertigungsgenauigkeit: 1%

$\left(R = 19800\Omega \; ... \; 20200\Omega\right)$

Farbe	1. Ring	2. Ring	3. Ring	4. Ring
Schwarz	0	0	$\cdot 1\Omega$	
Braun	1	1	$\cdot 10\Omega$	$\pm 1\%$
Rot	2	2	$\cdot 100\Omega$	$\pm 2\%$
Orange	3	3	$\cdot 1000\Omega$	
Gelb	4	4	$\cdot 10000\Omega$	
Grün	5	5	$\cdot 100000\Omega$	$\pm 0,5\%$
Blau	6	6	$\cdot 1000000\Omega$	$\pm 0,25\%$
Violett	7	7		
Grau	8	8		
Weiß	9	9		
Gold				$\pm 5\%$
Silber				$\pm 10\%$

**Notizen

Weitere Skripte: